1+X 职业技能鉴定考核指导手册

茶艺师

五级

编审委员会

主　　任　仇朝东

委　　员　葛恒双　顾卫东　宋志宏　杨武星　孙兴旺
　　　　　刘汉成　葛　玮

执行委员　孙兴旺　张鸿樑　李　晔　瞿伟洁

中国劳动社会保障出版社

图书在版编目(CIP)数据

茶艺师：五级/上海市职业培训研究发展中心组织编写. —北京：中国劳动社会保障出版社，2011

1+X 职业技能鉴定考核指导手册

ISBN 978-7-5045-8852-4

Ⅰ.①茶… Ⅱ.①上… Ⅲ.①茶-文化-职业技能鉴定-自学参考资料 Ⅳ.①TS971

中国版本图书馆 CIP 数据核字(2011)第 008478 号

中国劳动社会保障出版社出版发行

(北京市惠新东街 1 号 邮政编码：100029)

出 版 人：张梦欣

*

三河市华骏印务包装有限公司印刷装订 新华书店经销

787 毫米×960 毫米 16 开本 5.75 印张 92 千字

2011 年 1 月第 1 版 2018 年 12 月第 9 次印刷

定价：11.00 元

读者服务部电话：(010) 64929211/64921644/84626437

营销部电话：(010) 64961894

出版社网址：http://www.class.com.cn

前　言

职业资格证书制度的推行，对广大劳动者系统地学习相关职业的知识和技能，提高就业能力、工作能力和职业转换能力有着重要的作用和意义，也为企业合理用工以及劳动者自主择业提供了依据。

随着我国科技进步、产业结构调整以及市场经济的不断发展，特别是加入世界贸易组织以后，各种新兴职业不断涌现，传统职业的知识和技术也愈来愈多地融进当代新知识、新技术、新工艺的内容。为适应新形势的发展，优化劳动力素质，上海市人力资源和社会保障局在提升职业标准、完善技能鉴定方面做了积极的探索和尝试，推出了1+X培训鉴定模式。1+X中的1代表国家职业标准，X是为适应上海市经济发展的需要，对职业标准进行的提升，包括了对职业的部分知识和技能要求进行的扩充和更新。上海市1+X的培训鉴定模式，得到了国家人力资源和社会保障部的肯定。

为配合上海市开展的1+X培训与鉴定考核的需要，使广大职业培训鉴定领域专家以及参加职业培训鉴定的考生对考核内容和具体考核要求有一个全面的了解，人力资源和社会保障部教材办公室、中国就业培训技术指导中心上海分中心、上海市职业培训研究发展中心联合组织有关方面的专家、技术人员共同编写了《1+X职业技能鉴定考核指导手册》。该手册由“理论知识复习题”“操作技能复习题”和“理论知识模拟试卷及操作技能模拟试卷”三大块内容组成，书中介绍了题库的命题依据、试卷结构和题型题量，同时从上海市1+X鉴定题库中抽取部分理论知识题、操作技能试题和模拟样卷供考生参考和练习，便于考生能够有针对性地进行考前复习准备。今后我们会随着国家职业标准以及鉴定题库的提升，逐步对手册内容进行补充和完善。

本系列手册在编写过程中，得到了有关专家和技术人员的大力支持，在此一并表示感谢。

由于时间仓促，缺乏经验，如有不足之处，恳请各使用单位和个人提出宝贵意见和建议。

1+X职业技能鉴定考核指导手册
编审委员会

目　录

CONTENTS　1+X职业技能鉴定考核指导手册

茶艺师职业简介

一、职业名称

茶艺师。

二、职业定义

具备茶叶专业知识和茶艺表演、服务、管理等综合技能的人员。

三、主要工作内容

从事的工作主要包括：（1）对各类常用茶的审评、鉴别；（2）设计和布置品茗环境，选配茶具；（3）演示多种茶品的冲泡技艺，同时能向服务对象介绍或与其交流茶叶基础知识；（4）策划、实施各类茶会并能进行一般的茶馆经营和管理；（5）进行创意性的茶席设计。

第1部分

茶艺师（五级）鉴定方案

一、鉴定方式

茶艺师（五级）的鉴定方式分为理论知识考试和操作技能考核。理论知识考试采用闭卷计算机机考方式，操作技能考核采用现场实际操作方式。理论知识考试和操作技能考核均实行百分制，成绩皆达60分及以上者为合格。理论知识或操作技能不及格者可按规定分别补考。

二、理论知识考试方案（考试时间90 min）

题库参数 / 题型	考试方式	鉴定题量	分值（分/题）	配分（分）
判断题	闭卷机考	60	0.5	30
单项选择题		70	1	70
小计	—	130	—	100

三、操作技能考核方案

考核项目表

职业（工种）名称		茶艺师		等级		五级	
职业代码							
序号	项目名称	单元编号	单元内容	考核方式	选考方法	考核时间（min）	配分（分）
1	清饮茶冲泡	1	绿茶冲泡	操作	必考	12	25
		2	窨花茶冲泡	操作	必考	12	25
		3	乌龙茶冲泡	操作	必考	12	25
2	调饮茶冲泡	1	滇红柠檬茶冲泡	操作	抽一	14	25
		2	祁红柠檬茶冲泡	操作			
		3	杞菊延年茶冲泡	操作			
合　　计						50	100
备注							

第 2 部分

鉴定要素细目表

职业（工种）名称					茶艺师	等级	五级
职业代码							
序号	鉴定点代码				鉴定点内容		备注
	章	节	目	点			
	1				职业道德与职业守则		
	1	1			职业道德		
	1	1	1		职业道德概述		
1	1	1	1	1	职业道德的作用和意义		
2	1	1	1	2	职业道德准则		
3	1	1	1	3	职业道德的培养		
	1	2			职业守则		
	1	2	1		职业守则概述		
4	1	2	1	1	热爱茶艺事业		
5	1	2	1	2	礼貌热情服务		
6	1	2	1	3	真诚守信、钻研业务		
	2				茶学基础		
	2	1			茶的起源		
	2	1	1		野生大茶树		
7	2	1	1	1	茶树的发现		
	2	1	2		茶叶的加工利用		
8	2	1	2	1	茶叶的加工利用		

续表

职业（工种）名称					茶艺师	等级	五级
职业代码							
序号	鉴定点代码				鉴定点内容	备注	
	章	节	目	点			
	2	1	3		茶的传播		
9	2	1	3	1	茶在国内的传播		
10	2	1	3	2	茶向国外的传播		
	2	2			茶与经济		
	2	2	1		茶叶不可或缺		
11	2	2	1	1	茶叶的地位		
12	2	2	1	2	茶叶的不可替代		
	2	2	2		茶的经济作用		
13	2	2	2	1	茶在国民收入中的作用		
14	2	2	2	2	茶叶出口		
	2	2	3		茶区分布		
15	2	2	3	1	茶区分布情况		
16	2	2	3	2	不同茶区特点		
17	2	2	3	3	不同茶区的茶类		
	2	3			茶树栽培		
	2	3	1		茶树的特征		
18	2	3	1	1	茶树的茎（枝干）		
19	2	3	1	2	茶树的芽		
20	2	3	1	3	茶树的叶		
21	2	3	1	4	茶树的花		
22	2	3	1	5	果实、种子		
23	2	3	1	6	茶树的根		
	2	3	2		茶树与环境的关系		
24	2	3	2	1	气温对茶树的影响		
25	2	3	2	2	水分对茶树的影响		
26	2	3	2	3	土壤对茶树的影响		

续表

职业（工种）名称					茶艺师	等级	五级
职业代码							
序号	鉴定点代码				鉴定点内容		备注
	章	节	目	点			
	2	3	3		茶树繁殖		
27	2	3	3	1	茶树繁殖		
	2	3	4		茶园管理		
28	2	3	4	1	茶园耕锄		
29	2	3	4	2	茶园施肥		
30	2	3	4	3	茶园修剪		
	2	3	5		茶叶采摘		
31	2	3	5	1	标准采		
32	2	3	5	2	适时采		
33	2	3	5	3	分批多次采		
34	2	3	5	4	留叶采		
35	2	3	5	5	采摘方法		
	2	3	6		鲜叶的装运、验收与存放		
36	2	3	6	1	鲜叶的装运、验收与存放		
	3				茶叶加工		
	3	1			制茶的演变		
	3	1	1		历代制茶方法		
37	3	1	1	1	历代制茶方法的发展		
	3	2			茶叶分类		
	3	2	1		基本茶类		
38	3	2	1	1	绿茶类		
39	3	2	1	2	红茶类		
40	3	2	1	3	青茶类		
41	3	2	1	4	黄茶类		
42	3	2	1	5	白茶类		
43	3	2	1	6	黑茶类		

续表

职业（工种）名称					茶艺师	等级	五级
职业代码							
序号	鉴定点代码				鉴定点内容		备注
	章	节	目	点			
	3	2	2		再加工茶类		
44	3	2	2	1	再加工茶类的定义和分类		
	3	3			茶叶初制技术		
	3	3	1		绿茶的初制工艺		
45	3	3	1	1	大宗绿茶的初制工艺		
46	3	3	1	2	名优绿茶的制作		
	3	3	2		红茶的初制工艺		
47	3	3	2	1	功夫红茶的初制工艺		
48	3	3	2	2	红碎茶的初制工艺		
	3	3	3		青茶的初制工艺		
49	3	3	3	1	青茶的制作方法		
	3	3	4		白茶的初制工艺		
50	3	3	4	1	白茶的制作方法		
	3	3	5		黄茶的初制工艺		
51	3	3	5	1	黄茶的制作方法		
	3	3	6		黑茶的初制工艺		
52	3	3	6	1	黑茶的制作方法		
	3	4			再加工茶类的制作		
	3	4	1		花茶的窨制		
53	3	4	1	1	花茶的窨制		
	3	4	2		速溶茶的制作		
54	3	4	2	1	速溶茶的制作		
	3	4	3		紧压茶的压制技术		
55	3	4	3	1	紧压茶的压制技术		
	4				茶文化的形成与发展		
	4	1			茶文化概述		

续表

职业（工种）名称					茶艺师	等级	五级
职业代码							
序号	鉴定点代码				鉴定点内容		备注
	章	节	目	点			
	4	1	1		茶文化的定义		
56	4	1	1	1	广义的茶文化		
57	4	1	1	2	狭义的茶文化		
	4	1	2		茶文化的内部结构		
58	4	1	2	1	茶文化的物质层面		
59	4	1	2	2	茶文化的制度层面		
60	4	1	2	3	茶文化的精神层面		
	4	1	3		茶文化的基本特征		
61	4	1	3	1	社会性、广泛性		
62	4	1	3	2	民族性、区域性		
	4	1	4		茶文化的特点		
63	4	1	4	1	物质与精神的结合		
64	4	1	4	2	高雅与通俗的结合		
65	4	1	4	3	功能与审美的结合		
66	4	1	4	4	实用性与娱乐性的结合		
	4	1	5		茶文化的内涵		
67	4	1	5	1	融合了儒家思想观念		
68	4	1	5	2	融合了道家思想观念		
69	4	1	5	3	融合了佛家思想观念		
	4	2			茶文化的萌芽与形成		
	4	2	1		茶之为饮		
70	4	2	1	1	饮茶在我国有源远流长的历史		
	4	2	2		茶文化的萌芽时期（魏晋南北朝）		
71	4	2	2	1	以茶养廉		
72	4	2	2	2	进入宗教		
73	4	2	2	3	文人赞颂		

续表

职业（工种）名称					茶艺师	等级	五级
职业代码							
序号	鉴定点代码				鉴定点内容		备注
	章	节	目	点			
	4	2	3		茶文化的形成时期（唐代）		
74	4	2	3	1	饮茶的普及		
75	4	2	3	2	茶文化的形成		
	4	3			茶文化的兴盛与发展		
	4	3	1		茶文化的兴盛时期（宋代）		
76	4	3	1	1	形成精细的制茶工艺		
77	4	3	1	2	斗茶习俗和分茶技艺		
78	4	3	1	3	茶馆兴盛，茶馆文化发达		
	4	3	2		茶文化的延续发展期（元、明、清三代）		
79	4	3	2	1	元代茶文化的主要特色		
80	4	3	2	2	明代茶文化的主要特色		
81	4	3	2	3	清代茶文化的主要特色		
	4	4			茶文化的现代再辉煌		
	4	4	1		新中国茶业		
82	4	4	1	1	新中国茶业生产飞速发展		
	4	4	2		茶文化的新高潮		
83	4	4	2	1	茶艺交流蓬勃发展		
84	4	4	2	2	茶文化书刊推陈出新		
	4	5			茶文化与上海		
	4	5	1		茶饮概述		
85	4	5	1	1	茶饮日益兴盛		
	4	5	2		旧上海茶馆		
86	4	5	2	1	旧上海茶馆概况		
	4	5	3		历史资源		
87	4	5	3	1	上海地区茶文化的历史资源		
	4	5	4		海派茶文化		

续表

职业（工种）名称					茶艺师	等级	五级
职业代码							
序号	鉴定点代码				鉴定点内容		备注
	章	节	目	点			
88	4	5	4	1	海派茶文化的特点		
	4	5	5		现代茶文化的兴盛		
89	4	5	5	1	兴盛表现		
90	4	5	5	2	兴盛原因		
91	4	5	5	3	主要特点		
	5				茶叶选择与保管		
	5	1			名优茶的品质特征		
	5	1	1		名优茶概述		
92	5	1	1	1	名优茶概念		
93	5	1	1	2	名优茶渊源		
94	5	1	1	3	产生名优茶的条件		
95	5	1	1	4	名优茶特点		
	5	1	2		名优茶的审评		
96	5	1	2	1	名优茶的审评方法		
	5	1	3		部分名优茶的品质特征		
97	5	1	3	1	西湖龙井		
98	5	1	3	2	黄山毛峰		
99	5	1	3	3	碧螺春		
100	5	1	3	4	雨花茶		
101	5	1	3	5	太平猴魁		
102	5	1	3	6	六安瓜片		
103	5	1	3	7	君山银针		
104	5	1	3	8	信阳毛尖		
105	5	1	3	9	庐山云雾		
106	5	1	3	10	都匀毛尖		
107	5	1	3	11	蒙顶茶		

续表

职业（工种）名称					茶艺师	等级	五级
职业代码							
序号	鉴定点代码				鉴定点内容		备注
	章	节	目	点			
108	5	1	3	12	凌云白毫		
109	5	1	3	13	白毫银针		
110	5	1	3	14	武夷岩茶		
111	5	1	3	15	祁门功夫红茶		
112	5	1	3	16	云南功夫红茶		
113	5	1	3	17	乌龙茶		
114	5	1	3	18	铁观音		
115	5	1	3	19	茉莉银毫		
116	5	1	3	20	沱茶		
	5	2			茶叶的初步鉴定		
	5	2	1		春、夏、秋茶的识别		
117	5	2	1	1	春茶的识别		
118	5	2	1	2	夏茶的识别		
119	5	2	1	3	秋茶的识别		
	5	2	2		新茶、陈茶及劣变茶的识别		
120	5	2	2	1	新茶、陈茶的识别		
121	5	2	2	2	劣变茶的识别		
	5	2	3		假茶的鉴别		
122	5	2	3	1	假茶的鉴别		
	5	3			茶叶储藏与保管		
	5	3	1		茶叶特性与环境条件的关系		
123	5	3	1	1	茶叶的吸湿性和氧化性		
124	5	3	1	2	茶叶的吸异味性		
	5	3	2		影响茶叶品质变化的环境条件		
125	5	3	2	1	温度与湿度		
126	5	3	2	2	氧气与光		

续表

职业（工种）名称					茶艺师	等级	五级
职业代码							
序号	鉴定点代码				鉴定点内容	备注	
	章	节	目	点			
	5	3	3		茶叶包装的种类与要求		
127	5	3	3	1	茶叶包装的种类与要求		
	5	3	4		茶叶储藏与保管的条件		
128	5	3	4	1	茶叶储藏与保管的条件		
	6				茶艺基础		
	6	1			茶艺概述		
	6	1	1		中国茶艺的民族性和多样性		
129	6	1	1	1	茶艺与茶道的区别		
130	6	1	1	2	茶艺与其他艺术样式的区别		
131	6	1	1	3	茶艺的地域性		
132	6	1	1	4	茶艺的多样性		
133	6	1	1	5	茶艺的广泛性		
	6	1	2		中国茶艺的发展简史		
134	6	1	2	1	唐代陆羽《茶经》饮茶法		
135	6	1	2	2	宋代蔡襄《茶录》饮茶法		
136	6	1	2	3	明代钱椿年《茶谱》饮茶法		
	6	1	3		中国主要民族的茶艺		
137	6	1	3	1	汉族茶艺		
138	6	1	3	2	藏族茶艺		
139	6	1	3	3	蒙古族茶艺		
140	6	1	3	4	回族茶艺		
141	6	1	3	5	维吾尔族茶艺		
	6	1	4		中国港澳台地区茶艺		
142	6	1	4	1	中国台湾地区茶艺		
143	6	1	4	2	中国港澳特区茶艺		
	6	1	5		世界各国茶艺		

续表

职业（工种）名称					茶艺师	等级	五级
职业代码							
序号	鉴定点代码				鉴定点内容		备注
	章	节	目	点			
144	6	1	5	1	东亚茶艺		
145	6	1	5	2	东南亚、西亚茶艺		
146	6	1	5	3	非洲、欧美地区茶艺		
	6	1	6		常用的茶艺器具		
147	6	1	6	1	常用的饮茶器具		
148	6	1	6	2	饮茶的辅助器具		
149	6	1	6	3	储水、煮水器具		
	6	2			泡茶和品茶技艺		
	6	2	1		冲泡的三要素		
150	6	2	1	1	泡茶水温		
151	6	2	1	2	茶与水的比例		
152	6	2	1	3	泡茶时间		
	6	2	2		冲泡的基本程序		
153	6	2	2	1	备具、煮水、备茶、温壶		
154	6	2	2	2	置茶、冲泡、奉茶、收具		
	6	2	3		冲泡中的常用手法		
155	6	2	3	1	浸润泡和“凤凰三点头”		
156	6	2	3	2	“关公巡城”与“韩信点兵”		
157	6	2	3	3	高冲与低斟		
158	6	2	3	4	“游山玩水”与“巡回倒茶法”		
159	6	2	3	5	“老茶壶泡、嫩茶杯泡”和“内外夹攻”		
160	6	2	3	6	上投、中投、下投		
	6	2	4		品饮的三步骤		
161	6	2	4	1	观色		
162	6	2	4	2	闻香		
163	6	2	4	3	品味		

续表

职业（工种）名称					茶艺师	等级	五级
职业代码							
序号	鉴定点代码				鉴定点内容		备注
	章	节	目	点			
	6	2	5		茶点的种类与选配		
164	6	2	5	1	茶点的种类与选配		
	6	3			茶艺要领		
	6	3	1		冲泡要领		
165	6	3	1	1	“神”是艺的生命		
166	6	3	1	2	“美”是艺的核心		
167	6	3	1	3	“质”是艺的根本		
168	6	3	1	4	“匀”是艺的功夫		
169	6	3	1	5	“巧”是艺的水平		
	6	3	2		品茶要领		
170	6	3	2	1	领略茶的风韵		
171	6	3	2	2	欣赏品茶环境		
172	6	3	2	3	鉴赏茶具设施		
	6	3	3		茶艺表演		
173	6	3	3	1	茶艺表演者的化妆		
174	6	3	3	2	茶艺表演者的姿态		
175	6	3	3	3	茶艺表演者的礼仪		
	6	4			冲泡技能		
	6	4	1		清饮茶茶艺		
176	6	4	1	1	清饮茶概念		
177	6	4	1	2	龙井茶的冲泡方法		
178	6	4	1	3	碧螺春茶的冲泡方法		
179	6	4	1	4	茉莉花茶的冲泡方法		
180	6	4	1	5	铁观音茶的冲泡方法		
	6	4	2		调饮茶茶艺		
181	6	4	2	1	调饮茶概念		

续表

职业（工种）名称					茶艺师	等级	五级
职业代码							
序号	鉴定点代码				鉴定点内容		备注
	章	节	目	点			
182	6	4	2	2	调饮茶茶艺要素		
183	6	4	2	3	柠檬红茶茶艺		
184	6	4	2	4	杞菊延年茶茶艺		
	7				茶馆服务		
	7	1			茶馆服务的概念和特征		
	7	1	1		茶馆服务的概念		
185	7	1	1	1	茶馆服务的概念		
	7	1	2		茶馆服务的特征		
186	7	1	2	1	茶馆服务的特征		
	7	2			茶馆服务人员的素质		
	7	2	1		茶馆服务人员的品德要求		
187	7	2	1	1	茶馆服务人员的品德要求		
	7	2	2		茶馆服务人员的身心素质要求		
188	7	2	2	1	茶馆服务人员的身心素质要求		
	7	2	3		茶馆服务人员的业务能力要求		
189	7	2	3	1	茶馆服务人员的业务能力要求		
	7	3			茶馆服务的接待礼仪		
	7	3	1		茶馆服务的举止礼仪		
190	7	3	1	1	站姿		
191	7	3	1	2	行姿		
192	7	3	1	3	坐姿		
193	7	3	1	4	行为举止		
	7	3	2		茶馆服务的言谈礼仪		
194	7	3	2	1	称谓的礼仪		
195	7	3	2	2	常用服务用语需注意的问题		
196	7	3	2	3	手势需注意的问题		

续表

职业（工种）名称					茶艺师	等级	五级
职业代码							
序号	鉴定点代码				鉴定点内容		备注
	章	节	目	点			
	7	4			茶馆服务人员的仪表仪容		
	7	4	1		茶馆服务人员的面容和服饰		
197	7	4	1	1	服务人员的面容和服饰要求		
	7	5			茶馆服务人员接待工作		
	7	5	1		迎宾接待		
198	7	5	1	1	迎宾接待准备		
199	7	5	1	2	迎宾接待要求		
200	7	5	1	3	迎宾接待服务		

第 3 部分

理论知识复习题

职业道德与职业守则

一、判断题（将判断结果填入括号中。正确的填“√”，错误的填“×”）

1. 职业道德是社会道德的重要组成部分。（ ）
2. 热爱茶艺工作是茶艺行业职业道德的基本要求。（ ）
3. 茶艺服务允许收小费。（ ）
4. “慎独”就是认真做好自己的事情。（ ）
5. 满足服务对象的需求是茶艺工作的最终目的。（ ）
6. 茶艺服务是一种间接服务。（ ）
7. 礼貌待客、热情服务是茶艺工作最重要的业务要求和行为规范之一。（ ）
8. 尽心尽力为品茶来宾服务，不仅是道德意识问题，更重要的是道德行为问题。（ ）
9. 真诚守信和一丝不苟是做人的基本原则，也是一种社会公德。（ ）

二、单项选择题（选择一个正确的答案，将相应的字母填入题内的括号中）

1. 具备良好的职业道德素质和修养能激发茶艺从业人员的工作热情和责任感。热情待客，提高服务质量，即人们常说的（ ）。

A. “我为人人，人人为我” B. 在竞争中赢得更多顾客

C. “茶品即人品，人品即茶品” D. 提升茶馆形象

2. 茶艺从业人员个人良好的职业道德（　　）和修养是其整体素质和修养的组成部分。

A. 思想　　B. 品德　　C. 素质　　D. 理想

3. 职业道德原则是职业道德最根本的（　　）。

A. 规范　　B. 要求　　C. 目标　　D. 方向

4. 在茶艺服务中，服务态度和服务质量具有（　　）重要意义。

A. 一般的　　B. 一定的　　C. 严格的　　D. 特别的

5. 满足服务对象的（　　）是茶艺工作的最终目的。

A. 条件　　B. 愿望　　C. 需求　　D. 业务

6. 文明用语是茶艺从业人员在接待顾客时需要使用的一种（　　）语言。

A. 亲切　　B. 礼貌　　C. 专业　　D. 标准

7. 真诚守信和一丝不苟是做人的基本原则，也是一种社会（　　）。

A. 制度　　B. 公德　　C. 文明　　D. 风尚

8. 道德评价可以说是道德领域里的（　　）与自我批评。

A. 表扬　　B. 评定　　C. 批评　　D. 评估

9. 职业纪律是茶艺从业人员在茶艺（　　）活动中必须遵守的行为准则。

A. 服务　　B. 培训　　C. 评定　　D. 业务

茶学基础

一、判断题（将判断结果填入括号中。正确的填“√”，错误的填“×”）

1. 据史书记载，早在三国时期，我国已用茶叶制茶饼。（　　）
2. 世界各国对茶的称谓大多起源于中国。（　　）
3. 秦汉以后饮茶之风开始在北方兴起。（　　）
4. 1610 年，中国茶叶作为商品输往欧洲的荷兰和葡萄牙。（　　）
5. 向国外传播种茶技术，最早传到的国家是韩国。（　　）
6. 茶叶是我国主要经济作物之一。（　　）
7. 人们对茶叶的需求量在不断增加。（　　）

8. 饮茶有益于人体健康，还可以修身养性、陶冶情操。（　）
9. 客来敬茶是我国少数民族的传统习俗。（　）
10. 茶是我国农民经济收入的主要来源。（　）
11. 我国一般产茶县的茶叶生产收入约占其全年总收入的一半左右。（　）
12. 茶叶是出口农副产品中少数商品之一。（　）
13. 茶叶是出口农副产品中大宗商品之一。（　）
14. 我国茶区幅员广阔，全国有十多个省区市产茶。（　）
15. 我国有上千个县、市产茶。（　）
16. 江南茶区包括浙江、皖南、苏南、江西、湖北、湖南等地。（　）
17. 我国茶区分布中最北面的是江北茶区。（　）
18. 华南茶区的名茶有滇红、普洱茶、蒙顶茶、都匀毛尖等。（　）
19. 目前，我国的茶园面积位居世界第一。（　）
20. 茶树是多年生常绿木本植物。（　）
21. 茶树的茎部，是指茶树的地上部分。（　）
22. 云南大叶种茶树属于乔木型茶树。（　）
23. 灌木型茶树的主干与分枝不易分清。（　）
24. 茶树的芽依性质可分为营养芽和花芽。（　）
25. 茶树从花芽形成到种子成熟，约需半年时间。（　）
26. 茶树上同一时期内有老叶和新叶之分。（　）
27. 茶树的芽及嫩叶的背面密生茸毛。（　）
28. 茶树是异花受粉的植物。（　）
29. 茶树的盛花期在春季。（　）
30. 茶树耐阴性较强，不喜阳光直射。（　）
31. 茶树繁殖只能用种子。（　）
32. 最适宜茶树生长的温度是10～15℃。（　）
33. 适宜茶树生长的土壤为碱性土壤。（　）
34. 茶树喜欢温暖、湿润的气候和肥沃的酸性土壤。（　）

35. 茶树繁殖分为有性繁殖和无性繁殖两种方法。 （ ）

36. 茶园管理包括耕锄、施肥、茶树修剪等工作。 （ ）

37. 茶园春、夏季进行深耕，秋季进行浅耕。 （ ）

38. 茶树修剪方法有浅修剪、深修剪、重修剪、定型修剪等。 （ ）

39. 合理采茶就是要“早采嫩摘”。 （ ）

40. 合理采茶是实现茶叶高产优质的重要措施。 （ ）

41. 初展的一芽一叶多在春茶前期采摘。 （ ）

42. 茶叶细嫩的标准采摘，多在春茶前期进行。 （ ）

43. 茶叶采摘方法有手采和机采两种。 （ ）

44. 自茶树上采下的鲜叶，其内部不会再发生理化变化。 （ ）

45. 为保持鲜叶的新鲜程度，必须合理而及时地将鲜叶按等级分别盛装。 （ ）

46. 机采速度快，目前我国茶叶采摘以机采为主。 （ ）

47. 茶叶的掐采，就是指折采。 （ ）

48. 受气温影响，江北茶区生产季节较短。 （ ）

二、单项选择题（选择一个正确的答案，将相应的字母填入题内的括号中）

1. 茶在我国最初是作为（ ），后来发展成为饮料。

A. 祭用 B. 药用 C. 食用 D. 外用

2. 我国历史上曾有“神农尝百草，（ ）而解之”的传说。

A. 得荼 B. 得茶 C. 得药 D. 得槚

3. （ ）是最早发现茶树、利用茶树的国家。

A. 中国 B. 日本 C. 英国 D. 韩国

4. 陆羽撰写了世界上第一部茶业专著（ ）。

A.《神农本草》 B.《本草纲目》

C.《茶经》 D.《走笔谢孟谏议寄新茶》

5. 编撰世界上第一部茶业专著《茶经》的是（ ）。

A. 神农 B. 华佗 C. 陆羽 D. 卢仝

6. 吴觉农先生（ ）发表了《茶树原产地考》，论证茶树原产于中国。

A. 1932 年　B. 804 年　C. 1922 年　D. 1937 年

7. 三国时期，我国就有关于在（　　）发现野生大茶树的记载。

A. 云南　B. 四川　C. 西南地区　D. 云贵地区

8. 在云南邦崴发现的“茶树王”属于（　　）。

A. 野生型　B. 过渡型　C. 栽培型　D. 原始型

9. 在勐海县南糯山发现的栽培型“茶树王”，树龄为（　　）。

A. 800 年　B. 1 000 年　C. 1 800 年　D. 2 700 年

10. （　　），人们创造了蒸青技术。

A. 唐代　B. 明代　C. 宋代　D. 三国时期

11. （　　）时期，茶叶已成为我国人民生活中不可缺少的物品。

A. 三国　B. 唐宋　C. 秦汉　D. 明清

12. 茶对外传播，最早传到（　　）。

A. 印度　B. 俄罗斯　C. 日本　D. 韩国

13. 茶叶是我国主要（　　）作物之一。

A. 粮食　B. 经济　C. 观赏　D. 油料

14. 我国（　　），更是离不开茶叶。

A. 城市居民　B. 边疆少数民族

C. 沿海地区　D. 高原地区

15. 饮茶可以（　　）、帮助消化。

A. 分解脂肪　B. 增加蛋白质　C. 增加脂肪　D. 减少蛋白质

16. 我国茶农人数约（　　）。

A. 5 000 万人　B. 8 000 万人　C. 1 亿人　D. 1.2 亿人

17. 我国一般产茶县的茶叶生产收入约占其全年总收入的（　　）。

A. 2/3　B. 1/3　C. 1/4　D. 1/2

18. 茶叶是出口农副产品中（　　）之一。

A. 特种商品　B. 大宗商品　C. 少数商品　D. 一般商品

19. 目前，我国茶区大致分为（　　）。

A. 四大茶区　B. 五大茶区　C. 六大茶区　D. 三大茶区

20. 我国茶区主要分布在北纬（　）的广阔范围内。

A. 18°～37°　B. 28°～45°　C. 38°～45°　D. 18°～45°

21. （　）与其他茶区相比，气温较低，降水量较少。

A. 西南茶区　B. 江北茶区　C. 华南茶区　D. 江南茶区

22. 华南茶区以生产（　）为主。

A. 绿茶、黄茶　B. 红茶、乌龙茶

C. 绿茶、白茶　D. 乌龙茶、白茶

23. 西湖龙井、黄山毛峰、洞庭碧螺春产于（　）。

A. 西南茶区　B. 江北茶区　C. 江南茶区　D. 华南茶区

24. 在云、贵、川等地发现的野生大茶树属于（　）。

A. 乔木型　B. 半乔木型　C. 灌木型　D. 半灌木型

25. 乔木型的野生大茶树，一般树高为（　）。

A. 10 m 以上　B. 10 m 以下　C. 10 m　D. 20 m 以上

26. 属于（　）茶树的是云南大叶种茶树。

A. 半乔木型　B. 乔木型　C. 灌木型　D. 半灌木型

27. 茶树上的芽依其萌发时间不同，分为（　）、春芽和夏芽。

A. 秋芽　B. 冬芽　C. 花芽　D. 顶芽

28. 茶叶的叶脉为（　）。

A. 弧形脉　B. 网状脉　C. 无明显主脉　D. 侧脉

29. 芽及嫩叶的背面密生（　），随着叶的成熟而逐渐减少。

A. 叶脉　B. 茸毛　C. 锯齿　D. 柄叶

30. 茶树的花为（　）。

A. 单性花　B. 两性花　C. 无性花　D. 白色花

31. 栽培茶树的目的是采收其（　）。

A. 果实　B. 花朵　C. 幼嫩的芽叶　D. 种子

32. 茶树系（　）植物。

A. 浅根　B. 直根　C. 深根　D. 侧根

33. 一般日平均气温在（　　）左右，茶芽开始萌发。

A. 10℃　B. 20℃　C. 30℃　D. 25℃

34. 一般气温在（　　）时茶树新梢生长旺盛。

A. 10～20℃　B. 17～25℃　C. 25～35℃　D. 15～25℃

35. 适宜茶树生长的土壤是pH值为（　　）的酸性土壤。

A. 1.5～3.5　B. 3.5～5.5　C. 4.5～6.5　D. 3～5.5

36. 年降雨量在（　　）左右的地区最适宜茶树生长。

A. 1 000 mm　B. 1 500 mm　C. 1 800 mm　D. 1 300 mm

37. 种子繁殖茶树的方法有两种，一为苗圃育苗，二为（　　）。

A. 茶园扦插　B. 茶园压条　C. 茶园直播　D. 单粒条播

38. 茶园深耕的深度为（　　）左右。

A. 10 cm　B. 20 cm　C. 40 cm　D. 30 cm

39. 茶园施肥的原则是以（　　）为主。

A. 化肥　B. 有机肥　C. 钾肥　D. 磷肥

40. 合理采茶大体可分为标准采、（　　）、分批多次采、留叶采四种。

A. 手工采　B. 适时采　C. 尽早采　D. 机器采

41. 细嫩茶多在（　　）采摘。

A. 春茶前期　B. 清明前后　C. 谷雨前后　D. 小满前后

42. 手工采摘的方法，对茶树的生长和成品茶的品质（　　）。

A. 影响不大　B. 影响较大　C. 影响很大　D. 没有影响

43. 粗老茶的采摘标准是全年只能采（　　）。

A. 一两批　B. 两三批　C. 三四批　D. 两批

44. 手工采摘茶叶的方法有掐采、（　　）和直采三种。

A. 双手采　B. 折采　C. 留叶采　D. 分批多次采

45. 鲜叶运送到茶厂过程中，不能装压过紧，因此要用（　　）盛装。

A. 不通风的布袋　B. 不通风的塑料袋

C. 有小孔通气的竹箩　　　　　　D. 纸板箱

46. 鲜叶的摊放厚度，夏秋茶以（　　）为宜。

A. 5～10 cm　　B. 10～15 cm　　C. 15～20 cm　　D. 20～25 cm

47. 我国目前使用的采茶方法是（　　）。

A. 手工采　　B. 机采　　C. 分批多次采　　D. 适时采

48. 新茶树种植后，（　　）即达到成熟期，可以采摘茶叶。

A. 2 年　　B. 3 年　　C. 4 年　　D. 1 年

茶叶加工

一、判断题（将判断结果填入括号中。正确的填“√”，错误的填“×”）

1. 人们对茶叶的利用，一开始是咀嚼鲜叶。（　　）
2. 先有蒸青散茶，后有蒸青团（饼）茶。（　　）
3. 在我国，茶叶分为基本茶和再加工茶两大类。（　　）
4. 基本茶类包括绿茶类、红茶类、青茶类、黄茶类等六大茶类。（　　）
5. 西湖龙井、黄山毛峰、君山银针均系绿茶。（　　）
6. 用各种基本茶类再加工的产品，统称再加工茶类。（　　）
7. 绿茶的初制工艺分为杀青、揉捻、干燥三个过程。（　　）
8. 杀青是绿茶初制的第一道工序，也是关键工序。（　　）
9. 鲜叶在揉捻过程中，易黏结成团，需进行解块分筛。（　　）
10. 萎凋是使鲜叶散失部分水分，叶质变柔软，并引起部分化学变化。（　　）
11. 青茶初制中的“杀青”不同于绿茶杀青。（　　）
12. 青茶的干燥应采取低温慢烤的方法。（　　）
13. 花茶的窨制就是将鲜花拌入茶内即成。（　　）
14. 花茶窨制方便，所以加工时间较短。（　　）

二、单项选择题（选择一个正确的答案，将相应的字母填入题内的括号中）

1. 我国制茶工艺发展到（　　），炒青茶的制法已日趋完善。

A. 唐代　　B. 宋代　　C. 明代　　D. 元代

2.（　　），人们已将茶叶先做成茶饼，饮用时再碾碎冲泡。

A. 唐代　　B. 三国时期　　C. 明代　　D. 宋代

3. 红茶类中的（　　）是国际规格的商品茶。

A. 功夫红茶　　B. 小种红茶　　C. 红碎茶　　D. 红条茶

4. 青茶又称乌龙茶，系（　　）茶类。

A. 半发酵　　B. 不发酵　　C. 全发酵　　D. 烘焙

5. 下列茶品中的（　　）属于烘青绿茶。

A. 雨花茶　　B. 黄山毛峰　　C. 杭州龙井　　D. 六安瓜片

6. 花茶主要是用绿茶中的（　　）和香花窨制而成。

A. 烘青绿茶　　B. 炒青绿茶　　C. 晒青绿茶　　D. 蒸青绿茶

7. 我国绿茶大多采用（　　）方法杀青。

A. 炒青　　B. 蒸汽　　C. 烘焙　　D. 晒青

8. 高级龙井茶的制作工艺为：（　　）→回潮→辉锅。

A. 青锅　　B. 揉捻　　C. 烘焙　　D. 包揉

9. 功夫红茶的初制工艺为：萎凋→揉捻→（　　）→干燥。

A. 杀青　　B. 蒸青　　C. 发酵　　D. 烘焙

10. 红茶发酵适度，（　　）消失，发出一种新鲜、清新的花果香。

A. 青草气　　B. 水分　　C. 纤维　　D. 苦涩味

11. 红茶初制工艺过程包括萎凋、揉捻、（　　）、干燥四道工序。

A. 杀青　　B. 渥堆　　C. 发酵　　D. 烘焙

12. 青茶包括武夷岩茶、安溪铁观音、冻顶乌龙及（　　）等。

A. 凤凰单枞　　B. 沱茶　　C. 白毫银针　　D. 普洱

13. 速溶茶是以成品茶为原料，通过提取、过滤、转溶、浓缩、（　　）、包装等工艺处理成易溶于水的固体茶饮料。

A. 揉捻　　B. 干燥　　C. 发酵　　D. 烘焙

茶文化的形成与发展

一、判断题（将判断结果填入括号中。正确的填“√”，错误的填“×”）

1. 广义的茶文化是指物质文明的总和。（ ）
2. 狭义的茶文化专指其精神文明，即“精神财富”部分的内容。（ ）
3. 茶文化的内部结构有物质和精神两个层面。（ ）
4. 茶文化结构中的物质文化是人们可以直接接触到的茶文化内容。（ ）
5. 茶文化结构中的制度文化层是指有关茶的法规。（ ）
6. 茶文化结构中的制度文化构成茶文化的个性特征。（ ）
7. 中国茶文化融合了儒、道、佛各家优秀思想。（ ）
8. 茶文化结构中的精神文化是茶文化的核心部分。（ ）
9. 社会性是中国茶文化的五大基本特征之一。（ ）
10. 中国茶文化基本特征之一的社会性是指雅俗共赏、各得其所。（ ）
11. 南方人喜饮绿茶，是茶文化基本特征之“民族性”的表现。（ ）
12. 客人进门，不管是否要喝茶，主人敬茶是不可或缺的。（ ）
13. 茶文化的最大特点之一是物质与精神的结合。（ ）
14. 茶文化就是物质与精神两种文化有机结合而形成的一种独立的文化体系。（ ）
15. 茶文化的特点包括高雅与通俗的结合。（ ）
16. 多种形式的茶文化活动是以促进经济发展、提高人的文化素质为宗旨的。（ ）
17. 道家“天人合一”的思想观念融合在中国茶文化之中。（ ）
18. 茶使人清清醒醒看世界，也使人清清醒醒看自己。（ ）
19. 据史料记载，秦汉之际，民间把茶当做饮料。（ ）
20. 茶有文化，是人类参与物质创造的结果。（ ）
21. 茶饮方式到了魏晋南北朝，已开始进入烹煮饮用时期。（ ）
22. 茶文化一出现，是作为一种物质力量与两晋奢侈之风相对抗的。（ ）
23. 秦汉时期，茶开始进入文化精神领域。（ ）

24. 魏晋时期的人们认为饮茶可以养生、长寿，还能修仙。 ( )
25. 两汉时期，茶开始成为文化人赞颂、吟咏的对象。 ( )
26. 《娇女诗》是晋代著名文学家左思写的。 ( )
27. 唐代是我国古代茶文化第一个高峰期的开始。 ( )
28. 初唐时期，茶已经成为社会生活中不可缺少的物品。 ( )
29. 唐代道教、佛教的兴盛对饮茶风气的形成起到了推动作用。 ( )
30. 唐代已经是“茶肆遍天下”。 ( )
31. 唐代陆羽撰写的《茶经》是我国第一部综合性茶业专著。 ( )
32. 因为唐代朝廷间接提倡，贡茶开始出现。 ( )
33. 茶兴于唐而盛于宋。 ( )
34. 唐代创制了“龙凤茶”。 ( )
35. 龙凤茶是用定型模具压制茶膏，并刻上龙、凤、花草图案的饼茶。 ( )
36. 斗茶就是品茗比赛，把茶叶质量的评比当做一场战斗来对待。 ( )
37. 元代饼茶主要为皇室所用，民间则以散茶为主。 ( )
38. 茶入元曲，茶文化因此多了一种文学艺术表现形式。 ( )
39. 明代起向皇室进贡的茶，只要芽叶形的蒸青散茶。 ( )
40. 茶文化成为中华文化形成、延续与发展的载体。 ( )
41. 明代开始为茶著书立说，是茶文化的形成期。 ( )
42. 明代在闽粤民间，嗜饮功夫茶者甚众。 ( )
43. 清代康熙皇帝是历代帝王写作茶诗最多的一个。 ( )
44. 新中国成立后，茶叶生产有了飞速发展。 ( )
45. 新中国成立后，全国各地的茶文化出现蓬勃发展的态势。 ( )
46. 20 世纪 80 年代末，茶艺交流活动在全国各地蓬勃开展。 ( )
47. 中国国际茶文化研究会成立于 1992 年。 ( )
48. 北京中华茶人联谊会的会刊是《茶博览》。 ( )
49. 上海市茶叶学会的会刊是《上海茶业》。 ( )
50. 上海茶饮随市政建设而兴盛。 ( )

51. 上海民间饮茶习俗随时代而变迁。（ ）

52. 旧上海茶馆全盛时期为 20 世纪二三十年代。（ ）

53. 茶馆是一个信息灵通、文化气息浓、民情民俗汇集之处。（ ）

54. 老虎灶与茶文化的关系，最主要表现在老虎灶熟水上。（ ）

55. 上海具有较大的消费需求和市场潜力，为茶文化的兴盛和发展提供了基础和空间。（ ）

56. 明清时期，上海佘山一带产过好茶。（ ）

57. 历史上，黄浦江水曾作为宜茶好水而名载史册。（ ）

58. 上海南汇地区的“阿婆茶”是市郊乡民传统饮茶习俗的遗存。（ ）

59. 海派茶文化具有“海纳百川”的兼容气魄。（ ）

60. 上海现代茶文化的兴起，始于改革开放后的 20 世纪 90 年代。（ ）

61. 上海国际茶文化节和少儿茶艺两大活动，在全国和海外都有较高的知名度。（ ）

62. 上海国际茶文化节是经闸北区政府批准的茶文化活动。（ ）

63. 首届上海国际茶文化节于 1994 年 4 月举办。（ ）

64. 上海 20 世纪 90 年代初兴起的茶会始于百年茶楼湖心亭。（ ）

65. 至 2006 年上半年，全上海已有茶馆 3 000 多家。（ ）

二、单项选择题（选择一个正确的答案，将相应的字母填入题内的括号中）

1. 广义的茶文化是以物质为载体，反映出明确的（ ）。

A. 物质内容　B. 精神内容　C. 文化内容　D. 制度内容

2. 狭义的茶文化是指茶在被运用过程中所产生的文化和（ ）现象。

A. 社会　B. 艺术　C. 历史　D. 经济

3. 茶文化的内部结构包括物质文化、（ ）和精神文化三个层次。

A. 制度文化　B. 礼仪文化　C. 消费文化　D. 饮用文化

4. 茶文化结构中的物质文化包括人们从事（ ）活动方式和相应的产品。

A. 茶叶消费的　B. 茶叶生产的　C. 茶叶饮用的　D. 茶叶销售的

5. 茶文化结构中的制度文化包括有关茶的法规、（ ）等。

A. 法律　B. 仪式　C. 礼俗　D. 行为

6. 有关茶的法律和法令是一定（　　）的产物。

A. 社会经济制度　　B. 社会文化制度

C. 社会政治制度　　D. 社会教育制度

7. 有关茶的精神文化是把茶的（　　）和社会特征升华为一种精神象征。

A. 价值观念　　B. 天然特征　　C. 审美情趣　　D. 物质形态

8. 茶的精神文化层次是茶文化的（　　）结构。

A. 表层　　B. 中介　　C. 深层次　　D. 浅表层

9. 茶文化“雅俗共赏、各得其所”是其基本特征之一（　　）的表现。

A. 社会性　　B. 广泛性　　C. 传承性　　D. 民族性

10. 人生在世，一日三餐茶饭是不可省的，即使是祭天、祀地、拜祖宗，也得奉上“三茶六酒”。这是基本特征中的（　　）。

A. 社会性　　B. 广泛性　　C. 传承性　　D. 民族性

11. 福建人、广东人、台湾人欣赏乌龙茶是茶文化（　　）的表现。

A. 广泛性　　B. 民族性　　C. 区域性　　D. 社会性

12. 茶文化是（　　）的文化。

A. 粗狂通俗　　B. 斗茶品茶　　C. 雅俗共赏　　D. 广泛传承

13. （　　）与通俗的结合是茶文化的特点。

A. 包容　　B. 传承　　C. 高雅　　D. 广泛

14. 实用性与（　　）的结合是茶文化的特点之一。

A. 趣味性　　B. 娱乐性　　C. 功利性　　D. 广泛性

15. 儒家学说的核心思想是（　　），提倡的是中庸之道、以和为贵。

A. “天人合一”　　B. “仁”　　C. “普度众生”　　D. “以茶养廉”

16. 佛家修行的关键是坐禅，这一点与（　　）是相通的，都主张通过身体的修炼达到精神的升华。

A. 儒家　　B. 道家　　C. 佛家　　D. 杂家

17. 道家的（　　）思想观念也融合在中国茶文化之中。

A. “中庸和谐”　　B. “天人合一”　　C. “普度众生”　　D. “以茶养廉”

18.（　　）以“普度众生”为宗旨，主张用茶的雨露浇开人们心中的块垒。

A. 儒家　　B. 道家　　C. 佛家　　D. 杂家

19.（　　）主张以茶利礼仁、以茶表敬意。

A. 儒家　　B. 道家　　C. 佛家　　D. 杂家

20. 陆纳以茶待客的故事发生在（　　）时期。

A. 两汉　　B. 魏晋　　C. 南北朝　　D. 唐宋

21. 秦汉之际，民间把茶当做饮料，起始于（　　）。

A. 云贵地区　　B. 川广地区　　C. 巴蜀地区　　D. 长江以南地区

22. 茶由食用到药用再到（　　），有一个逐渐变化的过程。

A. 饮用　　B. 煎煮　　C. 冲泡　　D. 浸泡

23. 人类最初是把茶当做（　　）来利用的。

A. 药品　　B. 食物　　C. 饮料　　D. 菜肴

24. 茶文化一出现，就是作为一种健康、（　　）的精神力量。

A. 文明　　B. 高贵　　C. 高雅　　D. 优雅

25. 南齐世祖武皇帝以茶示俭的故事发生在（　　）时期。

A. 魏晋　　B. 南北朝　　C. 隋唐　　D. 两汉

26. 魏晋时期的人们认为饮茶不但可以养生、长寿，还能（　　）。

A. 长生　　B. 不眠　　C. 修仙　　D. 成仙

27.（　　）时期，茶开始成为文化人赞颂、吟咏的对象。

A. 魏晋　　B. 汉魏　　C. 南北朝　　D. 明清

28. 著名茶文学作品《荈赋》的作者是晋代（　　）。

A. 杜育　　B. 孙楚　　C. 左思　　D. 温庭筠

29. 唐代出现的新的以茶宴请形式是（　　）。

A. 茶宴　　B. 茶会　　C. 茶席　　D. 午茶

30.（　　）时期，茶已成为社会生活中不可缺少的物品。

A. 初唐　　B. 中唐　　C. 晚唐　　D. 宋朝

31. 唐代（　　）撰写的《煎茶水记》是我国第一部煎茶用水的专著。

A. 陆羽　　B. 张又新　　C. 温庭筠　　D. 左思

32. 唐代温庭筠所著茶书是（　　）。

A.《茶经》　　B.《煎茶水记》　　C.《采茶录》　　D.《娇女诗》

33. 唐代陆羽《茶经》的问世，是茶文化（　　）的重要标志。

A. 开始形成　　B. 正式形成　　C. 准备形成　　D. 已经形成

34. 由于唐代朝廷（　　），贡茶开始兴起。

A. 直接提倡　　B. 间接提倡　　C. 大力提倡　　D. 大力引导

35.（　　）以后的皇帝大多好茶，要求入贡的茶也越来越多。

A. 唐开国初年　　B. 中唐　　C. 晚唐　　D. 初唐

36. 唐代代表性茶诗《走笔谢孟谏议寄新茶》的作者是（　　）。

A. 陆羽　　B. 温庭筠　　C. 卢仝　　D. 左思

37. 唐代文人、学士讴歌茶事，（　　）了茶文化的内涵。

A. 丰富　　B. 开拓　　C. 延续　　D. 继承

38. 宋代茶文化把（　　）的内省观念渗透到茶饮之中，又将品茶贯彻于各阶层的日常生活和礼仪之中。

A. 儒家　　B. 道家　　C. 佛家　　D. 杂家

39. 随着（　　）的发展与繁荣，宋代茶馆迅速发展与繁荣。

A. 商品经济　　B. 城乡经济　　C. 城市经济　　D. 农村经济

40. 宋代创制的龙凤茶，把我国古代（　　）制作工艺推向一个历史高峰。

A. 洒青团茶　　B. 蒸青团茶　　C. 炒青饼茶　　D. 烘青散茶

41. 宋代流行一种技巧性很高的烹茶技艺，叫做（　　）。

A. 斗茶　　B. 分茶　　C. 艺茶　　D. 品茶

42.（　　）已开始出现散茶。

A. 宋代　　B. 元代　　C. 明代　　D. 唐代

43. 明代将饮茶（　　）改为随冲泡随饮用的冲泡法，这是饮茶方法上的一次革新。

A. 生煮羹饮　　B. 煎煮法　　C. 煮法　　D. 点茶法

44. 明代在茶文化艺术方面成就较大，除了茶诗、茶画外，还产生了众多的（　　）、茶戏。

A. 茶歌　B. 茶舞　C. 茶联　D. 茶楹

45. 宜兴紫砂壶的制作，相传始于（　　）。

A. 洪武年间　B. 正德年间　C. 嘉靖年间　D. 正统年间

46. 紫砂壶真正意义上的第一位制壶大师是明代（　　）。

A. 龚（供）春　B. 时大彬　C. 李仲芳　D. 徐友泉

47. （　　）形成茶叶外销的历史高峰。

A. 宋代　B. 明代　C. 清代　D. 元代

48. 嗜茶如命的（　　）皇帝，品茶鉴水有许多独到之处。

A. 康熙　B. 雍正　C. 乾隆　D. 道光

49. 音乐舞蹈《采茶舞曲》是浙江文艺工作者于 20 世纪（　　）创作的。

A. 50 年代　B. 60 年代　C. 70 年代　D. 80 年代

50. “当代茶圣”吴觉农纪念馆设立在（　　）。

A. 北京　B. 上海　C. 杭州　D. 上虞

51. 江西社科院农业考古编辑部从 1991 年起出版的茶刊是（　　）。

A.《中国茶文化专号》　B.《中华茶人》

C.《茶博览》　D.《茶艺》

52. 上海人的饮茶风格，讲究（　　），以清饮法为主流。

A. 清汤绿水　B. 汤清味纯　C. 味香兼备　D. 茶真香实

53. （　　）统计，上海当时有茶馆 164 家。

A. 1916 年　B. 1918 年　C. 1919 年　D. 1917 年

54. 老虎灶与茶文化的关系，最主要表现在（　　）上。

A. 老虎灶茶馆　B. 老虎灶熟水　C. 老虎灶小吃　D. 老虎灶炖茶

55. 现上海佘山有茶园（　　）。

A. 27 亩　B. 37 亩　C. 67 亩　D. 47 亩

56. 上海佘山一带将（　　）与佳笋结合起来，形成以笋茶迎客的独特风俗。

A. 美茶　B. 龙井茶　C. 碧螺春　D. 毛峰

57. 上海在接纳西方文化的过程中，始终保持（ ）的根底。

A. 自身文化 B. 文化 C. 西方文化 D. 传统文化

58. 海派茶文化具有（ ）的良好氛围。

A. 知识文化 B. 百花齐放 C. 开放宽松 D. 海纳百川

59. 上海第一支少儿茶艺队成立于（ ）。

A. 1995年8月 B. 1994年8月 C. 1996年8月 D. 1997年8月

60. 上海市茶叶学会创建于（ ）。

A. 1981年8月 B. 1982年8月 C. 1983年8月 D. 1984年8月

61. 首届上海国际茶文化节于1994年4月举办，至2010年已举办了（ ）。

A. 15届 B. 14届 C. 17届 D. 16届

62. 上海首家现代茶艺馆开创于（ ）。

A. 1991年 B. 1992年 C. 1994年 D. 1993年

63. 上海大多数市民以（ ）为最常用的饮料。

A. 茶叶 B. 果汁 C. 碳酸饮料 D. 咖啡

64.（ ）、陶吧等是上海市民常去的休闲场所。

A. 茶馆 B. 健身房 C. 娱乐中心 D. 公园

65. 上海善于借古创新，讲究韵味，创造出“五珍茶”“三清茶”（ ）等茶艺节目。

A. “阿婆茶” B. “桂花茶” C. “元宝茶” D. “双桂五福茶”

茶叶选择与保管

一、判断题（将判断结果填入括号中。正确的填“√”，错误的填“×”）

1. 名优茶是指有一定知名度的优质茶。（ ）

2. 名优茶是由优越的自然环境条件、茶树品种、精细选料和一般的加工技术制作而成的。（ ）

3. 名优茶产茶区有局限性而无采制时间性。（ ）

4. 严格而精细的采制工艺，是生产名优茶的先决条件。（ ）

5. 名优茶的命名或选型带有地方性和艺术性。（ ）
6. 名优茶具有独特的品质风格，既是高级饮料，又有欣赏价值。（ ）
7. 在评比名优茶品质优次时，外形与内质同等重要，不分主次。（ ）
8. 龙井茶的外形特征是嫩叶包芽、扁平挺直、长短匀齐、芽锋显露和洁净光滑。（ ）
9. 茶艺师只需要认识茶品，不需要知道茶叶的优劣。（ ）
10. 西湖龙井产于浙江杭州西湖风景区。（ ）
11. 黄山毛峰的外形特征是芽叶肥壮、多毫有锋、色泽油润和微黄如象牙。（ ）
12. 洞庭碧螺春产区是我国著名的茶、粮间作区。（ ）
13. 雨花茶的外形特征是芽叶翠绿、满披茸毛、条形似螺。（ ）
14. 太平猴魁香气高浓且带兰花香，味厚而鲜醇。（ ）
15. 六安瓜片问世于1905年前后。（ ）
16. 君山银针产于湖南省洞庭湖的君山。（ ）
17. 信阳毛尖香气鲜浓，并有熟栗子香。（ ）
18. 庐山云雾茶的品质特征是香幽如兰、黄汤泛碧。（ ）
19. 都匀毛尖滋味鲜爽回甘，叶底嫩匀。（ ）
20. 蒙顶茶由于品质特殊，为历代文人所称颂。（ ）
21. 凌云白毫产于广西壮族自治区桂西高原的凌云、乐业一带。（ ）
22. 白毫银针外形如针，由顶芽制成，满披白毫，具银色光泽。（ ）
23. 武夷岩茶，茶汤浓而不涩，汤色金黄清澈。（ ）
24. 祁门红茶，香气馥郁且持久独特，似花果香。（ ）
25. 云南功夫红茶又称为滇红。（ ）
26. 乌龙茶既有红茶的浓鲜味，又有绿茶的清香味。（ ）
27. 乌龙茶属青茶类，是我国特有的茶类，其品质介于绿茶和红茶之间。（ ）
28. 铁观音的外形特征是具有蜻蜓头、螺旋体、青蛙腿、砂绿带白霜。（ ）
29. 花茶既保持了浓郁爽口的茶味，又有鲜亮芬芳的花香。（ ）
30. 春茶外形一般紧结匀齐，芽壮叶厚，身骨重实，色泽光润。（ ）

31. 秋茶，叶底瘦薄较硬，芽尖细瘦，叶张大小不匀。（　）
32. 夏茶外形一般较松，身骨较轻，老嫩欠匀，净度较差。（　）
33. 秋茶，内质香气较低，汤色浅尚明亮。（　）
34. 凡是当年采制的春、夏、秋茶均为新茶，隔年以后的茶叶为陈茶。（　）
35. 如当年采制的新茶产生陈气，也应属于陈茶。（　）
36. 两年前采制的茶，无论加工、储存方法如何，都称为劣变茶。（　）
37. 凡不是由茶树上采下的芽叶制成，且用来充当茶叶的都属于假茶。（　）
38. 保健茶不能与假茶混为一谈。（　）
39. 茶叶中含有大量亲水性的果胶物质。（　）
40. 茶叶在高温高湿条件下，其品质的劣变速度最快最剧烈。（　）
41. 茶叶含水量高，会加快其氧化速度。（　）
42. 紫外线照射，会使茶叶中的丙醛、戊醛、戊烯醇等物质发生光化学反应。（　）
43. 以胶合板为材料制成的茶叶外包装，只要内部材料无胶合剂气味即可。（　）
44. 茶叶具有吸湿、氧化和吸收异味的特性，这些决定了茶叶包装的特殊要求。（　）
45. 茶叶保存期限的长短与包装储藏条件没有关系。（　）
46. 茶叶应专库储存，不得与其他物品混存、混放。（　）

二、单项选择题（选择一个正确的答案，将相应的字母填入题内的括号中）

1. 名优茶通常具有独特的外形，（　）色、香、味品质。
   A. 特别的　B. 少见的　C. 优异的　D. 良好的
2. 名茶产地（　）良好的光照、适宜的温度、充足的水分以及肥沃的土壤。
   A. 可能有　B. 必有　C. 一般有　D. 基本有
3. 名优茶在我国（　）。
   A. 刚刚出现　B. 有着悠久的历史
   C. 与茶的利用同步发展　D. 改革开放后随着茶经济的发展而出现
4. 严格而（　）采制工艺，是生产名优茶的先决条件。
   A. 随意的　B. 精细的　C. 一般的　D. 特别的
5. 历代贡茶制度产生的种种贡茶，应属于（　）。

A. 历史名茶　　B. 别致的茶　　C. 独有的茶　　D. 地方名茶

6. 名优茶的命名或选型带有（　　）和艺术性。

A. 时间性　　B. 地方性　　C. 人名性　　D. 民族性

7. 名优茶与一般茶叶相比，在（　　）上有显著的区别。

A. 色香味形　　B. 汤色清浊　　C. 滋味鲜嫩　　D. 条索紧结

8. 审评名优茶的程序和方法与审评各类茶的方法（　　）。

A. 不同　　B. 相同　　C. 有差异　　D. 完全不一样

9. 审评名优茶一般用量为（　　）。

A. 3 g　　B. 5 g　　C. 8 g　　D. 10 g

10. 龙井茶的香气特征是（　　）。

A. 香气清高　　B. 浓郁芬芳　　C. 香气持久　　D. 高浓似兰

11. 西湖龙井素以“色绿、香郁、味甘、（　　）”四绝而著称。

A. 形美　　B. 味浓　　C. 紧结　　D. 碗钉

12. 黄山毛峰芽叶肥壮、多毫有锋，形似（　　）。

A. 碗钉　　B. 螺钉　　C. 雀舌　　D. 扁平

13. 碧螺春汤色（　　）。

A. 碧绿明亮　　B. 黄绿明亮　　C. 红艳明亮　　D. 黄汤泛碧

14. 雨花茶创制于（　　）。

A. 明朝　　B. 清朝　　C. 1958 年　　D. 1950 年

15. （　　），太平猴魁在美国举办的巴拿马万国博览会上获奖。

A. 1915 年　　B. 1945 年　　C. 1985 年　　D. 1885 年

16. 六安瓜片采摘标准以对夹叶和（　　）为主。

A. 一芽二三叶　　B. 一芽一叶

C. 一芽　　D. 带驻芽的三四片嫩叶

17. 君山银针年产量（　　）。

A. 很高　　B. 不多　　C. 极少　　D. 一般

18. 信阳毛尖外形条索（　　）。

A. 扁平　　B. 细、紧、直　　C. 卷曲　　D. 纤细

19. 蒙顶茶包括蒙顶甘露、蒙顶石花、（　　）和玉叶长春。

A. 万春银针　　B. 舒城兰花　　C. 顾渚紫笋　　D. 桐城小花

20. 蒙顶茶产于四川省的（　　）。

A. 青城山　　B. 峨眉山　　C. 蒙山　　D. 万寿山

21. 白毫银针产于（　　）省福鼎县、政和县。

A. 浙江　　B. 江苏　　C. 福建　　D. 广东

22. 凌云白毫品质特征为条索（　　）。

A. 纤细卷曲　　B. 壮实硕大　　C. 紧结挺直　　D. 细紧圆直

23. 早在（　　），武夷已有茶叶栽制，并作为馈赠珍品。

A. 三国时期　　B. 隋朝　　C. 唐代　　D. 宋代

24. 祁门红茶条索细紧纤长，色泽（　　）均匀。

A. 红褐　　B. 乌润　　C. 褐红　　D. 乌红

25. 云南功夫红茶含有较多（　　）茸毫的壮芽。

A. 白色　　B. 红色　　C. 金黄色　　D. 黄色

26. 乌龙茶主要产于福建闽南、（　　）、广东、台湾等地。

A. 闽北　　B. 云南　　C. 贵州　　D. 广西

27. 乌龙茶为青茶之始祖，创制于（　　），在200多年间，采制技术传播四方。

A. 宋朝　　B. 明朝　　C. 清朝　　D. 元朝

28. 铁观音茶的滋味特征是（　　）。

A. 醇厚甘鲜　　B. 鲜灵持久　　C. 醇厚浓强　　D. 醇厚鲜爽

29. 茉莉银毫，香气（　　）持久，滋味醇厚鲜爽。

A. 浓厚　　B. 馥郁　　C. 鲜灵　　D. 清香

30. 沱茶色泽（　　）油润。

A. 黄绿　　B. 红褐　　C. 乌黑　　D. 碧绿

31. 秋茶的滋味（　　）。

A. 很涩　　B. 涩度比夏茶微轻

C. 醇厚　　　　　　　　　　　　D. 醇爽

32. 春茶，内质香高持久，汤色（　　）。

A. 明亮　　　B. 较浅稍暗　　　C. 浅尚明亮　　　D. 碧绿明亮

33. 夏茶，内质香气欠高，汤色（　　）。

A. 明亮　　　B. 较浅稍暗　　　C. 浅尚明亮　　　D. 黄汤泛碧

34. 秋茶，（　　），对夹叶较多。

A. 芽较短小　　　B. 芽尖细瘦　　　C. 芽尖较多　　　D. 芽叶柔软

35. 陈茶的茶梗枯脆易断，断面呈（　　）。

A. 油绿色　　　B. 枯黑色　　　C. 黄绿色　　　D. 褐色

36. 干看霉花明显或茶叶结块，干嗅也能嗅到霉气，此茶应属于（　　）。

A. 霉茶　　　B. 异气茶　　　C. 焦茶　　　D. 劣变茶

37. 凡是受油类、药物、鱼腥等串味污染的茶属于（　　）。

A. 油气茶　　　B. 异气茶　　　C. 腥味茶　　　D. 劣变茶

38. 真茶的叶边缘锯齿显著，锯齿上有（　　）。

A. 叶毛　　　B. 茸毛　　　C. 腺毛　　　D. 绒毛

39. 茶叶含特有的（　　）、茶多酚及茶氨酸等化学成分，采用化学分析鉴定，即可确定真假茶叶。

A. 氨基酸　　　B. 咖啡碱　　　C. 茶褐素　　　D. 茶黄素

40. 茶叶随着空气中湿度的增高而吸湿，（　　）含量增加。

A. 酶　　　B. 多酚类　　　C. 水分　　　D. 氨基酸

41. 茶叶氧化不但会使汤色加深，而且失去了（　　）。

A. 滋味的鲜爽度　　　　　　B. 滋味的浓度

C. 滋味的强度　　　　　　　D. 滋味的厚度

42. 绿茶含水量增加会导致（　　）含量降低。

A. 叶绿素　　　B. 茶褐素　　　C. 脂类物质　　　D. 多酚类

43. 使用抽气充氮包装，目的是使茶叶杜绝氧气，防止有效物质（　　）。

A. 品质变化　　　B. 沾染异味　　　C. 自动氧化　　　D. 自动还原

44. 茶叶包装从技术上分有真空包装、无菌包装和（　　）等。

A. 薄膜裹扎包装　　B. 除氧包装

C. 抗菌包装　　D. 抽气充氮包装

45. 包装好的茶叶，应存放在（　　）的理想环境中。

A. 10～15℃　　B. 0～10℃　　C. 0～20℃　　D. －5～0℃

46. 装有茶叶的容器，应存放在阴凉、干燥和（　　）的地方。

A. 无光　　B. 有光　　C. 避光　　D. 通风

茶艺基础

一、判断题（将判断结果填入括号中。正确的填“√”，错误的填“×”）

1. 茶艺是一门生活艺术。（　　）
2. 中国茶艺具有很大的包容力和渗透力。（　　）
3. 茶艺是中国传统茶饮之艺的总称。（　　）
4. 茶艺源于生活，存在于生活，是生活高品位的体现。（　　）
5. 各个地域的茶艺特色可以代代延续，长期不变。（　　）
6. 茶艺的地域性使茶艺在不同地区表现出浓重的本土文化特征。（　　）
7. 我国各民族均拥有体现本民族习俗风气、情感的特色茶艺。（　　）
8. 我国茶艺的多样性源于我国地域广阔。（　　）
9. 文化发展快的民族，茶饮也在不断雅化。（　　）
10. 中国的茶饮是最普通、最普遍的生活现象。（　　）
11. 中国的茶饮早已融入了人们的日常生活，形成开门七件事——琴棋书画诗酒茶。（　　）
12. 我国唐代就出现了“茶道”这一名称。（　　）
13. 陆羽《饮茶法》的冲泡程序如下：炙茶→末之→选水→酌茶。（　　）
14. 点茶法在宋代开始流行。（　　）
15. 宋代蔡襄《茶录》中的饮茶法描写的是宋代点茶法。（　　）

16. 明代茶饮开始流行冲泡法。（ ）

17. 清饮的基本方法是直接冲泡茶叶，无须在茶汤中加入作料。（ ）

18. 清饮一般都比较讲究选茶、择水、备器、冲泡、品尝等各个环节。（ ）

19. 烹制酥油茶有一套特定的程序。（ ）

20. 回族人喜欢喝甜奶茶。（ ）

21. 蒙古族的盐巴茶是茶加盐巴的奶茶。（ ）

22. 无论是香茶还是奶茶，都有一套独特的烹煮技艺和饮用方法。（ ）

23. 台湾人的所谓饮茶，就是来自广东的“吃早茶”。（ ）

24. 香港人的所谓饮茶，就是来自广东的“吃早茶”。（ ）

25. 澳门同胞近几年开始倡导茶艺。（ ）

26. 日本茶道的宗教色彩很浓。（ ）

27. 泰国、缅甸和我国云南一些少数民族相似，习惯吃“腌茶”。（ ）

28. 马来西亚、新加坡等国习惯清饮乌龙茶、普洱茶、花茶等。（ ）

29. 非洲地区以西北非的柠檬红茶为代表。（ ）

30. 欧美地区以英国的英式饮茶法为代表。（ ）

31. 品茗杯主要用于乌龙茶的品啜。（ ）

32. 茶壶主要用于品茶。（ ）

33. 公道杯主要用于闻香。（ ）

34. 水盂主要用来存放泡茶用水。（ ）

35. 茶池又称“茶船”，主要用来盛接漏出或溢出的水滴。（ ）

36. 泡茶水温的高低与茶叶种类和制茶原料有关。（ ）

37. 名优绿茶冲泡的茶水比例为 1∶25。（ ）

38. 用壶泡法冲泡乌龙茶的茶量一般为茶壶容量的 1/3 左右。（ ）

39. 袋泡茶一般只能冲泡一次，最多两次。（ ）

40. 一般来说，大宗红、绿茶只能冲泡 2～3 次。（ ）

41. 要想泡好一杯茶，必须掌握好水温、茶量和浸泡时间。（ ）

42. 泡茶是用开水浸泡成品茶，并成为茶汤的过程。（ ）

43. 冲泡不同的茶叶要使用不同的茶具，但其冲泡程序相同。（　　）

44. 茶艺演示中的“赏茶”是将准备冲泡的少许茶样展示给来宾欣赏。（　　）

45. “凤凰三点头”可将茶叶上下左右回旋，以使杯中茶汤均匀一致。（　　）

46. 泡茶后马上加盖，再用开水淋遍茶壶外壁追温，称为“游山玩水”。（　　）

47. 用上投法泡茶可以避免因水温太高而造成对茶汤和茶姿的不良影响。（　　）

48. 观色主要是观察茶汤的颜色和茶叶的形态。（　　）

49. 闻香就是嗅闻茶汤散发出来的香气。（　　）

50. 品味就是品尝茶汤的滋味。（　　）

51. 在品茗过程中，茶点的品质是最重要的，茶只起到调剂作用。（　　）

52. 茶的沏泡艺术美表现为动作美。（　　）

53. 茶汤浓度均匀是沏泡技艺的功力所在。（　　）

54. “质”是艺的生命。（　　）

55. “心”是指茶艺的精神内涵，是茶艺的生命。（　　）

56. 品茶的目的是为了品茶汤滋味。（　　）

57. 环境的优劣对品茶效果没有影响。（　　）

58. 品茶环境应追求一个“幽”字，幽静雅致的环境是品茶的最佳选择。（　　）

59. 品茶的器具要强调其观赏性。（　　）

60. 烹茶啜茗的茶器称为茶具。（　　）

61. 品茶器具大多兼顾实用性和民族性。（　　）

62. 茶艺表演的艺术美通过仪表美和内心美来表达。（　　）

63. 茶艺表演只是泡茶程序的演示。（　　）

64. 茶艺表演者应逐渐锻炼和培养出高雅文明的气质。（　　）

65. 茶艺表演中的姿态是指坐姿和站姿。（　　）

66. 茶艺表演不包括泡茶程序的演示。（　　）

67. 风度泛指美好的举止姿态。（　　）

68. 茶艺表演中的姿态需从坐、立、跪、行等几种基本姿势练起。（　　）

69. 茶艺表演时坐在椅凳上的女性，双手应搭放在两腿中间，左手放在右手上。（　　）

70. 茶艺活动中的礼仪主要包括鞠躬礼、伸掌礼、寓意礼等。（　　）
71. “行礼”要领与“真礼”相同。（　　）
72. 茶艺活动中的鞠躬礼主要有真礼和草礼。（　　）
73. “凤凰三点头”的寓意是向客人三鞠躬以示欢迎。（　　）
74. 一杯茶只泡茶具容量的七分满，其寓意是“三分茶七分情”。（　　）
75. 清饮茶是最通常的饮茶方法。（　　）
76. 龙井茶的润茶程序，可使茶叶吸水膨胀，便于内含物析出。（　　）
77. 碧螺春茶置茶时，应将茶叶慢慢轻撒于杯中。（　　）
78. 用盖碗杯冲泡花茶的茶水比例为 1∶25。（　　）
79. 冲泡花茶的水温一般为 90～95℃。（　　）
80. 铁观音茶的品质介于红茶和绿茶之间。（　　）
81. 冲泡铁观音茶的水温一般为 100℃。（　　）
82. 在茶水中加入各种调味料就称为调和茶。（　　）
83. 在浓果汁中冲入开水就称为调饮茶。（　　）
84. 牛奶红茶的牛奶和茶水比例为 1∶1。（　　）
85. 柠檬红茶分茶时，用“巡回倒茶法”将茶汤分别倒入各杯之中。（　　）
86. 杞菊延年茶宜选用 250 mL 的盖碗杯冲泡。（　　）
87. 杞菊延年茶是在绿茶中加入了枸杞子和菊花。（　　）

二、单项选择题（选择一个正确的答案，将相应的字母填入题内的括号中）

1. 泡茶和品茶是一个过程的（　　）方面。

A. 几个　　B. 两个　　C. 四个　　D. 数个

2. 中国茶艺涵盖雅俗各个层面，具有广泛的（　　）。

A. 实用性　　B. 应用性　　C. 民族性　　D. 社会性

3. 当今人们在茶饮中强调精神方面，特别是联系道德、修养层面，多引用（　　）一词。

A. 茶艺　　B. 茶礼　　C. 茶道　　D. 茶技

4. 古代，人们习惯把精致的泡茶、品茗称为（　　）。

A. 茶艺　　B. 茶道　　C. 茶技　　D. 茶礼

5. 茶艺是时下人们赋予中国传统（　　）的一个现代名词。

A. 泡茶之艺　　B. 茶饮之艺　　C. 品茗之艺　　D. 品茶之艺

6. 我国唐代就出现了（　　）这一名称。

A. “茶艺”　　B. “茶礼”　　C. “茶道”　　D. “茶技”

7. 在相对闭塞的地域，茶艺特色可以（　　）。

A. 代代延续　　B. 不断变化　　C. 快速发展　　D. 不断发展

8. 茶艺的地域性使茶艺在不同地区表现出浓重的（　　）特征。

A. 民族文化　　B. 本土文化　　C. 区域文化　　D. 地域文化

9. 我国西部游牧地区的紧压茶，其茶艺基本形态较多地强调（　　）的一面。

A. 生活实用　　B. 民族情感　　C. 追求高雅　　D. 修身养性

10. 云南白族的“三道茶”，把（　　）、体察人生的哲理融于茶饮之中。

A. 有苦有甜　　B. 先甜后苦　　C. 先苦后甜　　D. 有苦才有甜

11. 文化发展快的民族，茶饮也在（　　）。

A. 不断雅化　　B. 不断变化　　C. 快速发展　　D. 不断发展

12. 中国的茶饮是（　　）的生活现象。

A. 最普通、最常见　　B. 最普遍、最常见

C. 最普通、最普遍　　D. 较普通、较普遍

13. 唐代陆羽《茶经》中的烧水“三沸”是指（　　）。

A. “如鱼目”　　B. “腾波鼓浪”　　C. “如蟹眼”　　D. “水老不可食也”

14. 唐代陆羽《茶经》中的选水标准为（　　）最佳。

A. 山水　　B. 河水　　C. 井水　　D. 江水

15. 宋代蔡襄《茶录》中的“碾茶”是指（　　）。

A. 烤茶饼使之干　　B. 将茶饼碾碎成末儿

C. 将茶舀进碗里　　D. 将碾碎的茶筛罗

16. 宋代蔡襄（　　）中的饮茶法描写的是宋代点茶法。

A. 《茶经》　　B. 《茶录》　　C. 《茶谱》　　D. 《茶疗》

17. （　　）在宋代开始流行。

A. 煮茶法　　B. 点茶法　　C. 冲泡法　　D. 煎茶法

18. 茶饮中的（　　）在明代开始流行。

A. 煮茶法　　B. 点茶法　　C. 冲泡法　　D. 煎茶法

19. 明代《茶谱》一书的作者是（　　）。

A. 钱椿年　　B. 田艺衡　　C. 文征明　　D. 蔡襄

20. 北方人一般比较喜欢饮用（　　）。

A. 绿茶　　B. 红茶　　C. 黄茶　　D. 花茶

21. 汉族人一般比较喜欢（　　）。

A. 清饮　　B. 奶茶　　C. 香茶　　D. 咸茶

22. 蒙古族人喜欢喝（　　）。

A. 甜奶茶　　B. 咸奶茶　　C. 盐巴茶　　D. 罐罐茶

23. 藏族人喝酥油茶是（　　）。

A. 表达民族情感　　B. 追求高雅

C. 生理及生活需求　　D. 以茶示礼

24. 西北地区的回族人喜欢喝（　　）。

A. 甜奶茶　　B. 咸奶茶　　C. 酥油茶　　D. 罐罐茶

25. 维族人喜欢喝奶茶和（　　）。

A. 酥油茶　　B. 香茶　　C. 咸茶　　D. 甜茶

26. 我国台湾地区的现代茶艺自 20 世纪（　　）兴起。

A. 60 年代　　B. 70 年代　　C. 80 年代　　D. 90 年代

27. 我国台湾地区流行的茶艺有台湾茶的泡法、宜兴壶品茗法及（　　）品茗法等。

A. 紫砂壶　　B. 玻璃杯　　C. 瓷壶　　D. 盖碗

28. 近年来，香港人闲时流行的“叹茶”是（　　）的意思。

A. 识别茶　　B. 冲泡茶　　C. 欣赏茶　　D. 享受茶

29. 日本茶道的（　　）很浓。

A. 文化色彩　　B. 世俗色彩　　C. 宗教色彩　　D. 民族色彩

30. 韩国是最早从我国引进（　　）的国家之一。

A. 植茶技艺　B. 饮茶技艺　C. 煮茶技艺　D. 品茶技艺

31. 土耳其、伊朗、伊拉克等国的人们喜欢饮用（　　）。

A. 甜味红茶　B. 薄荷糖茶　C. 浓味红茶　D. 咸味红茶

32. 马来西亚、新加坡等国受汉文化影响较深，茶艺与我国（　　）相仿。

A. 南方　B. 北方　C. 东方　D. 西方

33. 非洲地区以西北非的（　　）为代表。

A. 甜味红茶　B. 薄荷糖茶　C. 浓味红茶　D. 咸味红茶

34. 欧美地区以（　　）饮茶法为代表。

A. 英国的英式　B. 美国的美式　C. 法国的法式　D. 葡萄牙的葡式

35. 用玻璃杯直接冲泡茶叶，有极好的（　　）。

A. 保温性　B. 保鲜性　C. 观赏性　D. 品尝性

36. 公道杯主要用于（　　）。

A. 品茶　B. 闻香　C. 泡茶　D. 分茶

37. 必备的泡茶用具是（　　）。

A. 茶壶和茶荷　B. 茶壶和茶　C. 茶壶和茶盏　D. 品茗杯和公道杯

38. 茶斗又称茶篓，常在用小壶冲泡（　　）时，置于壶口，使干茶能顺畅地进入茶壶。

A. 红茶　B. 乌龙茶　C. 碧螺春　D. 龙井

39. 取干茶时，用来控制用茶量的容器称为（　　）。

A. 茶盘　B. 茶荷　C. 茶则　D. 茶针

40. 冲泡名优绿茶，水温如果太高，易造成叶色显（　　），影响汤色和香气。

A. 黄、绿　B. 黄、熟　C. 嫩、黄　D. 嫩、绿

41. 用小壶冲泡乌龙茶时，置于壶口，便于茶能顺畅地进入茶壶的用具称为（　　）。

A. 茶斗　B. 茶荷　C. 茶池　D. 茶则

42. 乌龙茶壶泡法的冲泡水温以（　　）为宜。

A. 85℃　B. 90℃　C. 95℃　D. 100℃

43. 乌龙茶由于用量大、原料相对成熟，因此一般可以冲泡（　　）。

A. 5～6 次　B. 3～4 次　C. 2～3 次　D. 1～2 次

44. 一般红、绿茶冲泡一次后，可溶物质已浸出（　　）。

A. 3%　B. 10%　C. 30%　D. 50%

45. 名优绿茶冲泡的茶水比例为（　　）。

A. 1∶20　B. 1∶40　C. 1∶50　D. 1∶80

46. 冲泡普通绿茶的投放量以（　　）为宜。

A. 多投　B. 少投　C. 适量　D. 少许

47. 将准备冲泡的少许茶样展示给来宾欣赏，称为（　　）。

A. 置茶　B. 投茶　C. 赏茶　D. 备茶

48. 要想泡好一杯茶，必须把握好水的温度、茶叶用量和（　　）。

A. 润茶时间　B. 浸泡时间　C. 冲泡时间　D. 冲泡程序

49. 茶艺演示中的“温杯”是为了（　　）。

A. 提高观赏性　B. 提高杯温　C. 清洁茶具　D. 增添情趣

50. 泡茶煮水，根据（　　）品种质量，将水加温煮至所需温度。

A. 茶叶　B. 茶壶　C. 茶杯　D. 茶炉

51. 将茶壶中留下的最后几滴茶汤分别一一滴入每个茶杯中，称为（　　）。

A. “关公巡城”　B. “韩信点兵”　C. “狮子滚球”　D. “游山玩水”

52. 分茶时提茶壶宜低不宜高，以略高于杯口沿为度，这叫做（　　）。

A. 高冲法　B. 低斟法　C. 斟茶法　D. 分茶法

53. 茶界历来有（　　）之说。

A. 老茶杯泡，嫩茶壶泡　B. 老茶壶泡，嫩茶杯泡

C. 清茶壶泡，花茶杯泡　D. 绿茶壶泡，红茶杯泡

54. 对于条索比较紧结、重实的细嫩名茶，应采用（　　）冲泡。

A. 上投法　B. 下投法　C. 中投法　D. 撒投法

55. 一般来说，茶汤品饮可以分为三个步骤：（　　）。

A. 闻香、品味、观色　B. 观色、闻香、品味

C. 品味、观色、闻香　D. 观色、品味、闻香

56. 冷嗅主要是闻茶汤香气是否（　　）。

A. 持久　　B. 正常　　C. 清香　　D. 花香

57. 舌头根部宜辨别（　　）。

A. 苦味　　B. 酸味　　C. 甜味　　D. 涩味

58. 品饮花茶重在寻味（　　）。

A. 探色　　B. 探香　　C. 观形　　D. 观色

59. 秋季茶点宜以比较（　　）为主。

A. 清淡　　B. 素雅　　C. 艳色　　D. 味重

60. （　　）是指茶艺的精神内涵，是茶艺的生命。

A. "神"　　B. "美"　　C. "质"　　D. "心"

61. 沏泡技艺的（　　）是沏泡者水平的体现。

A. 巧妙运用　　B. 熟练程度　　C. 准确把握　　D. 正确运用

62. 品尝茶汤滋味，应小口啜饮，使茶汤从（　　）两侧再到舌根。

A. 嘴唇　　B. 牙齿　　C. 口腔　　D. 舌尖

63. 品茶环境应追求（　　）。

A. 幽雅　　B. 热闹　　C. 安静　　D. 宁静

64. 品茶器具大多兼顾实用性和（　　）。

A. 民族性　　B. 地域性　　C. 观赏性　　D. 广泛性

65. 茶、水、器三美兼备，再加上（　　）的配合，使品啜欣赏更添情趣。

A. 泡茶技艺　　B. 品茶之道　　C. 境幽室雅　　D. 焚香挂画

66. 茶艺表演中的每个动作都要（　　）、柔和、连贯。

A. 起伏　　B. 圆活　　C. 虚实　　D. 连绵

67. 茶艺表演者应逐渐锻炼和培养出（　　）的气质。

A. 整洁大方　　B. 恬静素雅　　C. 高雅文明　　D. 雍容华贵

68. 茶艺表演的艺术美通过（　　）和内心美来表达。

A. 动作美　　B. 容貌美　　C. 服饰美　　D. 仪表美

69. 茶艺表演更看重的是表演者的（　　）美。

A. 仪表　　B. 气质　　C. 容貌　　D. 身材

70. 茶艺表演中的姿态要求是：站要直、坐要正、行要（　　）。

A. 美　　B. 慢　　C. 快　　D. 稳

71. 茶艺表演中日本人称之为“正坐”的姿态是（　　）。

A. 坐姿　　B. 跪姿　　C. 站姿　　D. 行姿

72. 人们在交往中互相表示尊敬的形式称为（　　）。

A. 风度　　B. 姿态　　C. 礼仪　　D. 礼貌

73. （　　）应始终贯穿于整个茶艺活动中。

A. 礼仪　　B. 表演　　C. 音乐　　D. 泡茶

74. （　　）一般用于说话之前。

A. 真礼　　B. 行礼　　C. 草礼　　D. 敬礼

75. 在寓意礼中，放置茶壶时壶嘴正对客人表示（　　）。

A. 欢迎客人到来　　B. 招手“来！来！来！”

C. 请客人离开　　D. 挥手“去！去！去！”

76. 一杯茶只泡茶具容量的七分满，其寓意是（　　）。

A. 向客人三鞠躬　　B. 请客人离开

C. 欢迎客人到来　　D. 七分茶三分情

77. 清饮茶是指用（　　）泡成的茶水。

A. 纯茶叶　　B. 苦丁茶　　C. 调和茶　　D. 菊花茶

78. 龙井茶冲泡用（　　）的手法冲入杯容量的七成左右。

A. 细流高冲　　B. 回旋低斟　　C. 沿壁轻注　　D. 凤凰三点头

79. 外形白毫显露是（　　）的品质特点之一。

A. 黄山毛峰　　B. 西湖龙井　　C. 碧螺春　　D. 大佛龙井

80. 碧螺春的采摘特点为（　　）。

A. 早、嫩、勤　　B. 早、嫩、匀　　C. 早、嫩、净　　D. 早、嫩、灵

81. 花茶一饮后，茶碗中可以留下（　　）的茶汤，续水两次，再三次。

A. 1/5　　B. 1/4　　C. 1/3　　D. 1/2

82. 铁观音茶属于乌龙茶中之极品，主要产于（　　）地区。

A. 广东　　B. 闽北　　C. 闽南　　D. 台湾

83. 形成铁观音茶“绿叶红镶边”的关键工序为（　　）。

A. 萎凋　　B. 做青　　C. 杀青　　D. 揉捻

84. 乌龙茶的传统泡法只选用（　　）和泡茶器。

A. 品茗杯　　B. 闻香杯　　C. 名茗杯　　D. 公道杯

85. 在茶汤中加入一种或几种辅料一起冲泡饮用，称为（　　）。

A. 水果茶　　B. 果汁茶　　C. 花草茶　　D. 调和茶

86. 牛奶红茶的基本构成是红茶茶水中加（　　）。

A. 牛奶　　B. 方糖　　C. 牛奶和方糖　　D. 香料

87. 制作柠檬红茶时，柠檬片应（　　）。

A. 骑放在杯沿上　　B. 预放在茶盘中

C. 放在茶杯内　　D. 不放，只要汁水

88. 柠檬红茶分茶时，用（　　）的手法将茶汤分别倒入各杯之中。

A. 关公巡城　　B. 韩信点兵　　C. 游山玩水　　D. 巡回倒茶法

89. 杞菊延年茶一般可采用（　　）冲泡。

A. 名优绿茶　　B. 大宗绿茶　　C. 白茶　　D. 红茶

90. 杞菊延年茶的投菊，是指逐一在杯中加入（　　）菊花。

A. 1～2朵　　B. 2～3朵　　C. 少许　　D. 少量

茶馆服务

一、判断题（将判断结果填入括号中。正确的填“√”，错误的填“×”）

1. 所谓茶馆服务，是指为满足顾客的需要，茶馆和顾客的接触活动，以及茶馆服务人员所提供的产品所产生的结果。（　　）

2. 茶馆所提供的设施的质量也属于服务质量。（　　）

3. 顾客是茶馆的衣食父母，也是茶馆生意的源泉。（　　）

4. 茶馆服务最基本的特征就在于它的不确定性。（ ）

5. 茶馆服务人员要正确处理应急情况，遇事镇静，熟练运用既定原则和程序。（ ）

6. 服务人员良好的身体素质和心理素质是做好服务工作的前提和保证。（ ）

7. 茶馆男服务员站立时，双手交叉且置于小腹部。（ ）

8. 茶馆服务人员与顾客对话时，眼睛不可正视顾客。（ ）

9. 茶馆服务人员引领顾客时走在顾客的左前方，与顾客的距离为前方 2～3 步。（ ）

10. 规范的坐姿是端坐于凳子或椅子的 2/3 处。（ ）

11. 离坐时轻轻站起，右脚向左后方撤一步，左脚并拢，将椅子轻轻移至原位。（ ）

12. 茶馆服务人员在应答顾客时要说“不必客气”“这是我应该做的”“祝您愉快”等。（ ）

13. 茶馆服务人员在服务过程的各个环节中均应运用礼貌敬语。（ ）

14. 茶馆服务人员不能贴近顾客听讲话。（ ）

15. 手势是人与人进行交流的一种体态语言，手势美是一种动作美。（ ）

16. 运用手势指路或进行引领时，手指自然并拢，掌心向上。（ ）

17. 男员工不蓄长发，不留胡须、大鬓角。（ ）

18. 女员工上岗前必须化淡妆，饭后要及时补妆。（ ）

19. 男员工须穿浅色短袜，着黑色皮鞋或布鞋。（ ）

20. 茶馆工作服要遵循统一、美观、易于识别、实用的原则。（ ）

21. 迎宾员应拒绝衣着不整者进入茶馆。（ ）

22. 迎宾员无须了解茶馆每天预订和供应品种情况。（ ）

23. 迎宾员应主动询问茶馆用茶人数、预订等情况。（ ）

24. 保持茶馆厅堂整洁、环境舒适、桌椅整齐，做到地面无垃圾，桌面无油腻、水渍。（ ）

25. 顾客用茶至杯底时，服务人员应及时添水。（ ）

二、单项选择题（选择一个正确的答案，将相应的字母填入题内的括号中）

1. 良好的服务质量能满足茶客需要的属性，这种属性主要表现为茶客的一种（ ）。

A. 心理感受　　B. 生理感受　　C. 言语表现　　D. 感官感受

2. 以下不属于茶馆服务质量的是（　　）。

A. 设备质量　　B. 茶品质量　　C. 宣传力度　　D. 热情服务

3. 服务价值在服务过程中得以实现，服务与消费（　　）发生。

A. 前后　　B. 上下　　C. 同时　　D. 先后

4. 服务是竞争最好的手段，顾客满意是（　　）的源泉。

A. 利润　　B. 口碑　　C. 品牌　　D. 力量

5. 茶馆服务人员首先必须遵守（　　），具备良好的服务意识。

A. 员工手册　　B. 职业道德　　C. 公众道德　　D. 规章制度

6. 提供优质服务给员工带来的好处是（　　）。

A. 顾客满意　　B. 获得提升

C. 提升茶馆形象　　D. 在竞争中赢得更多顾客

7. 服务人员不一定要有（　　）。

A. 健康的体格　　B. 匀称的外表　　C. 漂亮的五官　　D. 整洁的服饰

8. 茶馆的经营一切从顾客的需要出发，服务工作要体现（　　）。

A. 体贴化　　B. 礼貌化　　C. 人性化　　D. 高档化

9. 规范的站姿应该是（　　）、肩平、挺胸收腹、两眼平视、嘴微闭、面带笑容。

A. 头略低　　B. 头略抬　　C. 头正　　D. 头略偏左

10. 送客时，茶馆服务人员应让顾客走在（　　）。

A. 前面　　B. 左面　　C. 后面　　D. 右面

11. 女子入座时，正确的坐姿是（　　）。

A. 两膝分开　　B. 两膝并拢　　C. 双手抱胸　　D. 跷二郎腿

12. 常用的问候语有：您好、您早、（　　）、下午好、晚安等。

A. 早安　　B. 打扰了　　C. 非常感谢　　D. 祝您愉快

13. 茶馆服务人员在服务过程中严禁使用（　　）等不礼貌语言。

A. “请你再说一遍”　　B. “哎”

C. “好的”　　D. “不行”

14. 手势在各国的运用中存在较大差异，如“O”形，美国表示（　　）。

A. OK　B. 钱　C. 零　D. 打招呼

15. 仪表的动态因素是（　　）。

A. 容貌　B. 修饰　C. 姿态　D. 身材

16. 女员工上岗的仪容要求是（　　）。

A. 留怪异发型　B. 染黑色以外其他颜色的头发

C. 留披肩长发　D. 化淡妆

17. 茶馆服务人员上岗应穿（　　）。

A. 皮鞋　B. 旅游鞋　C. 拖鞋　D. 长靴

18. （　　）不是服务人员的工作服所要遵循的原则。

A. 实用　B. 个性　C. 易于识别　D. 突出职业性

19. 茶馆服务人员的服饰能体现茶馆的层次和（　　）。

A. 服务　B. 档次　C. 形象　D. 利润

20. 迎宾员的工作岗位是站在茶馆（　　）。

A. 门庭前　B. 进口处　C. 大门后　D. 大门外

21. 迎宾员应（　　）非用茶顾客进入茶馆。

A. 欢迎　B. 任随　C. 婉言谢绝　D. 坚决阻拦

22. 迎宾员的工作会（　　）茶馆营运状况。

A. 直接影响　B. 间接影响　C. 严重影响　D. 不影响

23. 饮茶顾客离店时，迎宾员应（　　）道别。

A. 帮助拉门　B. 请顾客拉门　C. 主动拉门　D. 不拉门

24. 当顾客茶杯中的水量只有（　　）时应及时添水。

A. 1/2　B. 1/3　C. 很少一点　D. 2/3

25. 茶馆服务人员引客入座，首先应安排（　　）就座于进出较方便处。

A. 客方联系人　B. 职位最高者　C. 年老体弱者　D. 儿童

26. （　　）是茶馆的门面。

A. 迎宾员　B. 部门经理　C. 服务人员　D. 董事长

第4部分

操作技能复习题

清饮茶冲泡

一、绿茶冲泡/西湖龙井茶冲泡（试题代码[①]：1.1.1；考核时间：12 min）

1. 试题单

（1）操作条件

1）西湖龙井茶叶。

2）茶具一套。

3）茶艺操作台、凳一套。

4）茶艺操作所需的其他辅助器具。

5）水、电。

（2）操作内容

1）清饮茶冲泡。

2）奉茶。

（3）操作要求

1）器具摆布合理。

① 试题代码表示该试题在操作技能考核方案表格中的所属位置。左起第一位表示项目号，第二位表示单元号，第三位表示在该项目、单元下的第几个试题。

2）礼仪规范，投茶准确。

3）冲泡效果：色、香、味、形俱佳。

4）奉茶顺序正确，按序收具。

2. 评分表

试题代码及名称				1.1.1 绿茶冲泡/西湖龙井茶冲泡	考核时间		12 min			
评价要素		配分	等级	评分细则	评定等级					得分
					A	B	C	D	E	
1	备具、布具：器具选用与茶品相配；茶器具摆布合理、科学	2	A	器具配套、齐全，布局合理、实用、美观						
			B	器具配套、齐全，布局较合理、实用、美观						
			C	器具基本配套、齐全，布局不够合理、实用						
			D	器具基本配套，布局不够合理、实用						
			E	差或未答题						
2	冲泡过程（包括润茶、冲泡、分茶等）：动作规范，水不溢漏，干茶不散落，冲泡手法能视茶而定	8	A	操作规范、连贯、美观，手法娴熟、正确						
			B	操作较规范、连贯、美观，手法正确						
			C	操作较规范、连贯、美观，手法不够正确						
			D	操作较生疏，手法不够正确						
			E	差或未答题						
3	冲泡效果：色、香、味、形俱佳	10	A	能充分体现茶品应有的品质特征						
			B	较能充分体现茶品应有的品质特征						
			C	基本能体现茶品的品质特征						
			D	不能体现茶品的品质特征						
			E	未答题						
4	奉茶、收具：依序奉茶，礼仪到位；按序收具，行礼退场	3	A	奉茶、收具按顺序进行，礼仪到位						
			B	奉茶、收具较符合顺序，礼仪较到位						
			C	奉茶、收具基本符合顺序，礼仪规范						
			D	奉茶、收具基本符合顺序，礼仪不够规范						
			E	差或未答题						

续表

试题代码及名称		1.1.1　绿茶冲泡/西湖龙井茶冲泡			考核时间			12 min		
评价要素		配分	等级	评分细则	评定等级					得分
					A	B	C	D	E	
5	姿态礼仪：整洁大方，素雅淡妆（女性）；坐、站、行姿符合规范要求；礼仪运用正确、熟练	2	A	整洁大方，坐、站、行姿规范，礼仪到位						
			B	较整洁大方，坐、站、行姿较规范，礼仪较到位						
			C	尚整洁大方，坐、站、行姿尚规范，礼仪及格						
			D	坐、站、行姿尚规范，礼仪不够规范						
			E	差或未答题						
合计配分		25	合计得分							

等级	A（优）	B（良）	C（及格）	D（较差）	E（差或未答题）
比值	1.0	0.8	0.6	0.2	0

“评价要素”得分＝配分×等级比值。

二、绿茶冲泡/大佛龙井茶冲泡（试题代码：1.1.2；考核时间：12 min）

1. 试题单

（1）操作条件

1）大佛龙井茶叶。

2）茶具一套。

3）茶艺操作台、凳一套。

4）茶艺操作所需的其他辅助器具。

5）水、电。

（2）操作内容

1）清饮茶冲泡。

2）奉茶。

（3）操作要求

1）器具摆布合理。

2）礼仪规范，投茶准确。

3）冲泡效果：色、香、味、形俱佳。

4）奉茶顺序正确，按序收具。

2. 评分表

同上题。

三、绿茶冲泡/碧螺春茶冲泡（试题代码：1.1.3；考核时间：12 min）

1. 试题单

（1）操作条件

1）碧螺春茶叶。

2）茶具一套。

3）茶艺操作台、凳一套。

4）茶艺操作所需的其他辅助器具。

5）水、电。

（2）操作内容

1）清饮茶冲泡。

2）奉茶。

（3）操作要求

1）器具摆布合理。

2）礼仪规范，投茶准确。

3）冲泡效果：色、香、味、形俱佳。

4）奉茶顺序正确，按序收具。

2. 评分表

同上题。

四、窨花茶冲泡/茉莉银毫茶冲泡（试题代码：1.2.1；考核时间：12 min）

1. 试题单

（1）操作条件

1）茉莉银毫茶叶。

2）茶具一套。

3）茶艺操作台、凳一套。

4）茶艺操作所需的其他辅助器具。

5）水、电。

（2）操作内容

1）清饮茶冲泡。

2）奉茶。

（3）操作要求

1）器具摆布合理。

2）礼仪规范，投茶准确。

3）冲泡效果：色、香、味、形俱佳。

4）奉茶顺序正确，按序收具。

2. 评分表

同上题。

五、窨花茶冲泡/茉莉春毫茶冲泡（试题代码：1.2.2；考核时间：12 min）

1. 试题单

（1）操作条件

1）茉莉春毫茶叶。

2）茶具一套。

3）茶艺操作台、凳一套。

4）茶艺操作所需的其他辅助器具。

5）水、电。

（2）操作内容

1）清饮茶冲泡。

2）奉茶。

（3）操作要求

1）器具摆布合理。

2）礼仪规范，投茶准确。

3）冲泡效果：色、香、味、形俱佳。

4）奉茶顺序正确，按序收具。

2. 评分表

同上题。

六、乌龙茶冲泡/安溪铁观音茶冲泡（试题代码：1.3.1；考核时间：12 min）

1. 试题单

（1）操作条件

1）安溪铁观音茶叶。

2）紫砂小壶带杯茶具一套。

3）茶艺操作台、凳一套。

4）茶艺操作所需的其他辅助器具。

5）水、电。

（2）操作内容

1）清饮茶冲泡。

2）奉茶。

（3）操作要求

1）器具摆布合理。

2）礼仪规范，投茶准确。

3）冲泡效果：色、香、味、形俱佳。

4）奉茶顺序正确，按序收具。

2. 评分表

同上题。

调饮茶冲泡

一、调饮茶冲泡/滇红柠檬茶冲泡（试题代码：2.1.1；考核时间：14 min）

1. 试题单

(1) 操作条件

1) 滇红功夫红茶及配料。

2) 茶具一套。

3) 茶艺操作台、凳一套。

4) 茶艺操作所需的其他辅助器具。

5) 水、电。

(2) 操作内容

1) 调饮茶冲泡。

2) 奉茶。

(3) 操作要求

1) 器具摆布合理。

2) 礼仪规范，投茶准确。

3) 冲泡效果：色、香、味、形俱佳。

4) 奉茶顺序正确，按序收具。

2. 评分表

试题代码及名称		2.1.1　调饮茶冲泡/滇红柠檬茶冲泡			考核时间		14 min			
评价要素		配分	等级	评分细则	评定等级					得分
					A	B	C	D	E	
1	备具、布具：器具选用与茶品相配；茶器具摆布合理、科学	2	A	器具配套、齐全，布局合理、实用、美观						
			B	器具配套、齐全，布局较合理、实用、美观						
			C	器具基本配套、齐全，布局不够合理、实用						
			D	器具基本配套，布局不够合理、实用						
			E	差或未答题						

续表

试题代码及名称		2.1.1 调饮茶冲泡/滇红柠檬茶冲泡			考核时间		14 min			
评价要素		配分	等级	评分细则	评定等级					得分
					A	B	C	D	E	
2	冲泡过程（包括润茶、冲泡、分茶等）：动作规范，水不溢漏，干茶不散落，冲泡手法能视茶而定	8	A	操作规范、连贯、美观，手法娴熟、正确						
			B	操作较规范、连贯、美观，手法正确						
			C	操作较规范、连贯、美观，手法不够正确						
			D	操作较生疏，手法不够正确						
			E	差或未答题						
3	冲泡效果：色、香、味、形俱佳	10	A	能充分体现茶品应有的品质特征						
			B	较能充分体现茶品应有的品质特征						
			C	基本能体现茶品的品质特征						
			D	不能体现茶品的品质特征						
			E	未答题						
4	奉茶、收具：依序奉茶，礼仪到位；按序收具，行礼退场	3	A	奉茶、收具按顺序进行，礼仪到位						
			B	奉茶、收具较符合顺序，礼仪较到位						
			C	奉茶、收具基本符合顺序，礼仪规范						
			D	奉茶、收具基本符合顺序，礼仪不够规范						
			E	差或未答题						
5	姿态礼仪：整洁大方，素雅淡妆（女性）；坐、站、行姿符合规范要求；礼仪运用正确、熟练	2	A	整洁大方，坐、站、行姿规范，礼仪到位						
			B	较整洁大方，坐、站、行姿较规范，礼仪较到位						
			C	尚整洁大方，坐、站、行姿尚规范，礼仪及格						
			D	坐、站、行姿尚规范，礼仪不够规范						
			E	差或未答题						
合计配分		25		合计得分						

等级	A（优）	B（良）	C（及格）	D（较差）	E（差或未答题）
比值	1.0	0.8	0.6	0.2	0

“评价要素”得分=配分×等级比值。

二、调饮茶冲泡/祁红柠檬茶冲泡（试题代码：2.2.1；考核时间：14 min）

1. 试题单

（1）操作条件

1）祁红功夫红茶及配料。

2）茶具一套。

3）茶艺操作台、凳一套。

4）茶艺操作所需的其他辅助器具。

5）水、电。

（2）操作内容

1）调饮茶冲泡。

2）奉茶。

（3）操作要求

1）器具摆布合理。

2）礼仪规范，投茶准确。

3）冲泡效果：色、香、味、形俱佳。

4）奉茶顺序正确，按序收具。

2. 评分表

同上题。

三、调饮茶冲泡/杞菊延年茶冲泡（试题代码：2.3.1；考核时间：14 min）

1. 试题单

（1）操作条件

1）绿茶及配料。

2）茶具一套。

3）茶艺操作台、凳一套。

4）茶艺操作所需的其他辅助器具。

5）水、电。

（2）操作内容

1）调饮茶冲泡。

2）奉茶。

（3）操作要求

1）器具摆布合理。

2）礼仪规范，投茶准确。

3）冲泡效果：色、香、味、形俱佳。

4）奉茶顺序正确，按序收具。

2. 评分表

同上题。

第 5 部分

理论知识考试模拟试卷及答案

茶艺师（五级）理论知识试卷

注 意 事 项

1. 考试时间：90 min。
2. 请首先按要求在试卷的标封处填写您的姓名、准考证号和所在单位的名称。
3. 请仔细阅读各种题目的回答要求，在规定的位置填写您的答案。
4. 不要在试卷上乱写乱画，不要在标封区填写无关的内容。

	一	二	总分
得分			

得分	
评分人	

一、判断题（第 1 题～第 60 题。将判断结果填入括号中。正确的填“√”，错误的填“×”。每题 0.5 分，满分 30 分）

1. 热爱茶艺工作是茶艺行业职业道德的基本要求。（ ）
2. 世界各国对茶的称谓大多起源于中国。（ ）
3. 茶叶是我国主要经济作物之一。（ ）

4. 茶叶是出口农副产品中少数商品之一。 ( )
5. 目前，我国的茶园面积位居世界第一。 ( )
6. 茶树繁殖只能用种子。 ( )
7. 茶树修剪方法有浅修剪、深修剪、重修剪、定型修剪等。 ( )
8. 自茶树上采下的鲜叶，其内部不会再发生理化变化。 ( )
9. 茶树是多年生常绿木本植物。 ( )
10. 茶树耐阴性较强，不喜阳光直射。 ( )
11. 合理采茶是实现茶叶高产优质的重要措施。 ( )
12. 人们对茶叶的利用，一开始是咀嚼鲜叶。 ( )
13. 花茶的窨制就是将鲜花拌入茶内即成。 ( )
14. 茶文化的内部结构有物质和精神两个层面。 ( )
15. 茶文化结构中的精神文化是茶文化的核心部分。 ( )
16. 茶文化的最大特点之一是物质与精神的结合。 ( )
17. 茶饮方式到了魏晋南北朝，已开始进入烹煮饮用时期。 ( )
18. 唐代是我国古代茶文化第一个高峰期的开始。 ( )
19. 唐代陆羽撰写的《茶经》是我国第一部综合性茶业专著。 ( )
20. 元代饼茶主要为皇室所用，民间则以散茶为主。 ( )
21. 明代开始为茶著书立说，是茶文化的形成期。 ( )
22. 新中国成立后，全国各地的茶文化出现蓬勃发展的态势。 ( )
23. 上海民间饮茶习俗随时代而变迁。 ( )
24. 上海具有较大的消费需求和市场潜力，为茶文化的兴盛和发展提供了基础和空间。 ( )
25. 上海南汇地区的“阿婆茶”是市郊乡民传统饮茶习俗的遗存。 ( )
26. 首届上海国际茶文化节于 1994 年 4 月举办。 ( )
27. 严格而精细的采制工艺，是生产名优茶的先决条件。 ( )
28. 名优茶具有独特的品质风格，既是高级饮料，又有欣赏价值。 ( )
29. 茶艺师只需要认识茶品，不需要知道茶叶的优劣。 ( )

30. 洞庭碧螺春产区是我国著名的茶、粮间作区。（　）
31. 庐山云雾茶的品质特征是香幽如兰、黄汤泛碧。（　）
32. 蒙顶茶由于品质特殊，为历代文人所称颂。（　）
33. 祁门红茶，香气馥郁且持久独特，似花果香。（　）
34. 花茶既保持了浓郁爽口的茶味，又有鲜亮芬芳的花香。（　）
35. 春茶外形一般紧结匀齐，芽壮叶厚，身骨重实，色泽光润。（　）
36. 秋茶，内质香气较低，汤色浅尚明亮。（　）
37. 凡是当年采制的春、夏、秋茶均为新茶，隔年以后的茶叶为陈茶。（　）
38. 凡不是由茶树上采下的芽叶制成，且用来充当茶叶的都属于假茶。（　）
39. 茶叶在高温高湿条件下，其品质的劣变速度最快最剧烈。（　）
40. 茶叶保存期限的长短与包装储藏条件没有关系。（　）
41. 茶艺源于生活，存在于生活，是生活高品位的体现。（　）
42. 我国茶艺的多样性源于我国地域广阔。（　）
43. 中国的茶饮早已融入了人们的日常生活，形成开门七件事——琴棋书画诗酒茶。（　）
44. 清饮的基本方法是直接冲泡茶叶，无须在茶汤中加入作料。（　）
45. 宋代蔡襄《茶录》中的饮茶法描写的是宋代点茶法。（　）
46. 泰国、缅甸和我国云南一些少数民族相似，习惯吃“腌茶”。（　）
47. 品茗杯主要用于乌龙茶的品啜。（　）
48. 泡茶水温的高低与茶叶种类和制茶原料有关。（　）
49. 要想泡好一杯茶，必须掌握好水温、茶量和浸泡时间。（　）
50. 茶艺演示中的“赏茶”是将准备冲泡的少许茶样展示给来宾欣赏。（　）
51. 品味就是品尝茶汤的滋味。（　）
52. “心”是指茶艺的精神内涵，是茶艺的生命。（　）
53. 茶艺表演的艺术美通过仪表美和内心美来表达。（　）
54. 茶艺表演者应逐渐锻炼和培养出高雅文明的气质。（　）
55. 一杯茶只泡茶具容量的七分满，其寓意是“三分茶七分情”。（　）

56. 柠檬红茶分茶时，用“巡回倒茶法”将茶汤分别倒入各杯之中。（　　）

57. 服务人员良好的身体素质和心理素质是做好服务工作的前提和保证。（　　）

58. 离坐时轻轻站起，右脚向左后方撤一步，左脚并拢，将椅子轻轻移至原位。（　　）

59. 保持茶馆厅堂整洁、环境舒适、桌椅整齐，做到地面无垃圾，桌面无油腻、水渍。（　　）

60. 顾客用茶至杯底时，服务人员应及时添水。（　　）

得分	
评分人	

二、单项选择题（第 1 题～第 70 题。选择一个正确的答案，将相应的字母填入题内的括号中。每题 1 分，满分 70 分）

1. 茶艺从业人员个人良好的职业道德（　　）和修养是其整体素质和修养的组成部分。

A. 思想　　B. 品德　　C. 素质　　D. 理想

2. 职业纪律是茶艺从业人员在茶艺（　　）活动中必须遵守的行为准则。

A. 服务　　B. 培训　　C. 评定　　D. 业务

3. 我国历史上曾有“神农尝百草，（　　）而解之”的传说。

A. 得荼　　B. 得茶　　C. 得药　　D. 得槚

4. 编撰世界上第一部茶业专著《茶经》的是（　　）。

A. 神农　　B. 华佗　　C. 陆羽　　D. 卢仝

5. （　　）时期，茶叶已成为我国人民生活中不可缺少的物品。

A. 三国　　B. 唐宋　　C. 秦汉　　D. 明清

6. 目前，我国茶区大致分为（　　）。

A. 四大茶区　　B. 五大茶区　　C. 六大茶区　　D. 三大茶区

7. 在云、贵、川等地发现的野生大茶树属于（　　）。

A. 乔木型　　B. 半乔木型　　C. 灌木型　　D. 半灌木型

8. 茶树上的芽依其萌发时间不同，分为（　　）、春芽和夏芽。

A. 秋芽　　B. 冬芽　　C. 花芽　　D. 顶芽

9. 茶树系（　　）植物。

A. 浅根　B. 直根　C. 深根　D. 侧根

10. 年降雨量在（　）左右的地区最适宜茶树生长。

A. 1 000 mm　B. 1 500 mm　C. 1 800 mm　D. 1 300 mm

11. 细嫩茶多在（　）采摘。

A. 春茶前期　B. 清明前后　C. 谷雨前后　D. 小满前后

12. 鲜叶的摊放厚度，夏秋茶以（　）为宜。

A. 5～10 cm　B. 10～15 cm　C. 15～20 cm　D. 20～25 cm

13. 我国制茶工艺发展到（　），炒青茶的制法已日趋完善。

A. 唐代　B. 宋代　C. 明代　D. 元代

14. 我国绿茶大多采用（　）方法杀青。

A. 炒青　B. 蒸汽　C. 烘焙　D. 晒青

15. 广义的茶文化是以物质为载体，反映出明确的（　）。

A. 物质内容　B. 精神内容　C. 文化内容　D. 制度内容

16. 有关茶的精神文化是把茶的（　）和社会特征升华为一种精神象征。

A. 价值观念　B. 天然特征　C. 审美情趣　D. 物质形态

17. 茶文化是（　）的文化。

A. 粗狂通俗　B. 斗茶品茶　C. 雅俗共赏　D. 广泛传承

18. 道家的（　）思想观念也融合在中国茶文化之中。

A. “中庸和谐”　B. “天人合一”　C. “普度众生”　D. “以茶养廉”

19. 陆纳以茶待客的故事发生在（　）时期。

A. 两汉　B. 魏晋　C. 南北朝　D. 唐宋

20. 茶由食用到药用再到（　），有一个逐渐变化的过程。

A. 饮用　B. 煎煮　C. 冲泡　D. 浸泡

21. 著名茶文学作品《荈赋》的作者是晋代（　）。

A. 杜育　B. 孙楚　C. 左思　D. 温庭筠

22. 唐代陆羽《茶经》的问世，是茶文化（　）的重要标志。

A. 开始形成　B. 正式形成　C. 准备形成　D. 已经形成

23. 随着（　　）的发展与繁荣，宋代茶馆迅速发展与繁荣。

A. 商品经济　　B. 城乡经济　　C. 城市经济　　D. 农村经济

24. 明代在茶文化艺术方面成就较大，除了茶诗、茶画外，还产生了众多的（　　）、茶戏。

A. 茶歌　　B. 茶舞　　C. 茶联　　D. 茶楹

25. 嗜茶如命的（　　）皇帝，品茶鉴水有许多独到之处。

A. 康熙　　B. 雍正　　C. 乾隆　　D. 道光

26. 上海人的饮茶风格，讲究（　　），以清饮法为主流。

A. 清汤绿水　　B. 汤清味纯　　C. 味香兼备　　D. 茶真香实

27. 海派茶文化具有（　　）的良好氛围。

A. 知识文化　　B. 百花齐放　　C. 开放宽松　　D. 海纳百川

28. 上海首家现代茶艺馆开创于（　　）。

A. 1991 年　　B. 1992 年　　C. 1994 年　　D. 1993 年

29. 上海善于借古创新，讲究韵味，创造出“五珍茶”“三清茶”（　　）等茶艺节目。

A. “阿婆茶”　　B. “桂花茶”　　C. “元宝茶”　　D. “双桂五福茶”

30. 名优茶在我国（　　）。

A. 刚刚出现　　B. 有着悠久的历史

C. 与茶的利用同步发展　　D. 改革开放后随着茶经济的发展而出现

31. 名优茶与一般茶叶相比，在（　　）上有显著的区别。

A. 色香味形　　B. 汤色清浊　　C. 滋味鲜嫩　　D. 条索紧结

32. （　　），太平猴魁在美国举办的巴拿马万国博览会上获奖。

A. 1915 年　　B. 1945 年　　C. 1985 年　　D. 1885 年

33. 白毫银针产于（　　）省福鼎县、政和县。

A. 浙江　　B. 江苏　　C. 福建　　D. 广东

34. 乌龙茶为青茶之始祖，创制于（　　），在 200 多年间，采制技术传播四方。

A. 宋朝　　B. 明朝　　C. 清朝　　D. 元朝

35. 春茶，内质香高持久，汤色（　　）。

A. 明亮　　B. 较浅稍暗　　C. 浅尚明亮　　D. 碧绿明亮

36. 干看霉花明显或茶叶结块，干嗅也能嗅到霉气，此茶应属于（　　）。

A. 霉茶　　B. 异气茶　　C. 焦茶　　D. 劣变茶

37. 绿茶含水量增加会导致（　　）含量降低。

A. 叶绿素　　B. 茶褐素　　C. 脂类物质　　D. 多酚类

38. 当今人们在茶饮中强调精神方面，特别是联系道德、修养层面，多引用（　　）一词。

A. 茶艺　　B. 茶礼　　C. 茶道　　D. 茶技

39. 茶艺的地域性使茶艺在不同地区表现出浓重的（　　）特征。

A. 民族文化　　B. 本土文化　　C. 区域文化　　D. 地域文化

40. 将茶壶中留下的最后几滴茶汤分别一一滴入每个茶杯中，称为（　　）。

A. "关公巡城"　　B. "韩信点兵"　　C. "狮子滚球"　　D. "游山玩水"

41. 明代《茶谱》一书的作者是（　　）。

A. 钱椿年　　B. 田艺衡　　C. 文征明　　D. 蔡襄

42. 藏族人喝酥油茶是（　　）。

A. 表达民族情感　　B. 追求高雅

C. 生理及生活需求　　D. 以茶示礼

43. 我国台湾地区流行的茶艺有台湾茶的泡法、宜兴壶品茗法及（　　）品茗法等。

A. 紫砂壶　　B. 玻璃杯　　C. 瓷壶　　D. 盖碗

44. 非洲地区以西北非的（　　）为代表。

A. 甜味红茶　　B. 薄荷糖茶　　C. 浓味红茶　　D. 咸味红茶

45. 茶斗又称茶篓，常在用小壶冲泡（　　）时，置于壶口，使干茶能顺畅地进入茶壶。

A. 红茶　　B. 乌龙茶　　C. 碧螺春　　D. 龙井

46. 乌龙茶壶泡法的冲泡水温以（　　）为宜。

A. 85℃　　B. 90℃　　C. 95℃　　D. 100℃

47. 要想泡好一杯茶，必须把握好水的温度、茶叶用量和（　　）。

A. 润茶时间　　B. 浸泡时间　　C. 冲泡时间　　D. 冲泡程序

48. 茶界历来有（　　）之说。

A. 老茶杯泡，嫩茶壶泡　　B. 老茶壶泡，嫩茶杯泡

C. 清茶壶泡，花茶杯泡　　D. 绿茶壶泡，红茶杯泡

49. 舌头根部宜辨别（　　）。

A. 苦味　　B. 酸味　　C. 甜味　　D. 涩味

50. （　）是指茶艺的精神内涵，是茶艺的生命。

A. “神”　　B. “美”　　C. “质”　　D. “心”

51. 品尝茶汤滋味，应小口啜饮，使茶汤从（　　）两侧再到舌根。

A. 嘴唇　　B. 牙齿　　C. 口腔　　D. 舌尖

52. 茶艺表演更看重的是表演者的（　　）美。

A. 仪表　　B. 气质　　C. 容貌　　D. 身材

53. 人们在交往中互相表示尊敬的形式称为（　　）。

A. 风度　　B. 姿态　　C. 礼仪　　D. 礼貌

54. 一杯茶只泡茶具容量的七分满，其寓意是（　）。

A. 向客人三鞠躬　　B. 请客人离开

C. 欢迎客人到来　　D. 七分茶三分情

55. 花茶一饮后，茶碗中可以留下（　　）的茶汤，续水两次，再三次。

A. 1/5　　B. 1/4　　C. 1/3　　D. 1/2

56. 制作柠檬红茶时，柠檬片应（　　）。

A. 放在茶杯内　　B. 预放在茶盘中

C. 骑放在杯沿上　　D. 不放，只要汁水

57. 形成铁观音茶“绿叶红镶边”的关键工序为（　　）。

A. 萎凋　　B. 做青　　C. 杀青　　D. 揉捻

58. 龙井茶冲泡用（　　）的手法冲入杯容量的七成左右。

A. 细流高冲　　B. 回旋低斟　　C. 沿壁轻注　　D. 凤凰三点头

59. （　　）应始终贯穿于整个茶艺活动中。

A. 礼仪　　B. 表演　　C. 音乐　　D. 泡茶

60. 对于条索比较紧结、重实的细嫩名茶，应采用（　　）冲泡。

A. 上投法　　B. 下投法　　C. 中投法　　D. 撒投法

61. 古代，人们习惯把精致的泡茶、品茗称为（　　）。

A. 茶艺　　B. 茶道　　C. 茶技　　D. 茶礼

62. 唐代陆羽《茶经》中的烧水“三沸”是指（　　）。

A. “如鱼目”　　B. “腾波鼓浪”　　C. “如蟹眼”　　D. “水老不可食也”

63. 近年来，香港人闲时流行的“叹茶”是（　　）的意思。

A. 识别茶　　B. 冲泡茶　　C. 欣赏茶　　D. 享受茶

64. 欧美地区以（　　）饮茶法为代表。

A. 英国的英式　　B. 美国的美式　　C. 法国的法式　　D. 葡萄牙的葡式

65. 服务价值在服务过程中得以实现，服务与消费（　　）发生。

A. 前后　　B. 上下　　C. 同时　　D. 先后

66. 服务人员不一定要有（　　）。

A. 健康的体格　　B. 匀称的外表　　C. 漂亮的五官　　D. 整洁的服饰

67. 常用的问候语有：您好、您早、（　　）、下午好、晚安等。

A. 早安　　B. 打扰了　　C. 非常感谢　　D. 祝您愉快

68. 茶馆服务人员上岗应穿（　　）。

A. 皮鞋　　B. 旅游鞋　　C. 拖鞋　　D. 长靴

69. 迎宾员的工作岗位是站在茶馆（　　）。

A. 门庭前　　B. 进口处　　C. 大门后　　D. 大门外

70. 当顾客茶杯中的水量只有（　　）时应及时添水。

A. 1/2　　B. 1/3　　C. 很少一点　　D. 2/3

茶艺师（五级）理论知识试卷答案

一、判断题（第1题～第60题。将判断结果填入括号中。正确的填“√”，错误的填“×”。每题0.5分，满分30分）

1. √	2. √	3. √	4. ×	5. √	6. ×	7. √	8. ×	9. √
10. √	11. √	12. √	13. ×	14. ×	15. √	16. √	17. √	18. √
19. √	20. √	21. ×	22. ×	23. ×	24. √	25. ×	26. √	27. √
28. √	29. ×	30. ×	31. ×	32. √	33. √	34. √	35. √	36. √
37. √	38. √	39. √	40. ×	41. √	42. ×	43. ×	44. √	45. √
46. √	47. √	48. √	49. √	50. √	51. √	52. ×	53. √	54. √
55. ×	56. √	57. √	58. √	59. √	60. ×			

二、单项选择题（第1题～第70题。选择一个正确的答案，将相应的字母填入题内的括号中。每题1分，满分70分）

1. C	2. A	3. A	4. C	5. B	6. A	7. A	8. B	9. C
10. B	11. A	12. B	13. C	14. A	15. B	16. B	17. C	18. B
19. B	20. A	21. A	22. B	23. C	24. A	25. C	26. B	27. C
28. A	29. D	30. B	31. A	32. A	33. C	34. C	35. A	36. A
37. A	38. C	39. B	40. B	41. A	42. C	43. D	44. B	45. B
46. C	47. B	48. B	49. A	50. A	51. D	52. B	53. C	54. D
55. C	56. C	57. B	58. D	59. A	60. A	61. B	62. B	63. D
64. A	65. C	66. C	67. A	68. A	69. B	70. A		

第6部分

操作技能考核模拟试卷

注 意 事 项

1. 考生根据操作技能考核通知单中所列的试题做好考核准备。

2. 请考生仔细阅读试题单中具体考核内容和要求，并按要求完成操作或进行笔答或口答，若有笔答请考生在答题卷上完成。

3. 操作技能考核时要遵守考场纪律，服从考场管理人员指挥，以保证考核安全顺利进行。

注：操作技能鉴定试题评分表及答案是考评员对考生考核过程及考核结果的评分记录表，也是评分依据。

国家职业资格鉴定

茶艺师（五级）操作技能考核通知单

姓名：

准考证号：

考核日期：

试题 1

试题代码：1.1.1。

试题名称：绿茶冲泡/西湖龙井茶冲泡。

考核时间：12 min。

配分：25 分。

试题 2

试题代码：1.2.1。

试题名称：窨花茶冲泡/茉莉银毫茶冲泡。

考核时间：12 min。

配分：25 分。

试题 3

试题代码：1.3.1。

试题名称：乌龙茶冲泡/安溪铁观音茶冲泡。

考核时间：12 min。

配分：25 分。

试题 4

试题代码：2.2.1。

试题名称：调饮茶冲泡/祁红柠檬茶冲泡。

考核时间：14 min。

配分：25 分。

茶艺师（五级）操作技能鉴定

试　题　单

试题代码：1.1.1。

试题名称：绿茶冲泡/西湖龙井茶冲泡。

考核时间：12 min。

1. 操作条件

（1）西湖龙井茶叶。

（2）茶具一套。

（3）茶艺操作台、凳一套。

（4）茶艺操作所需的其他辅助器具。

（5）水、电。

2. 操作内容

（1）清饮茶冲泡。

（2）奉茶。

3. 操作要求

（1）器具摆布合理。

（2）礼仪规范，投茶准确。

（3）冲泡效果：色、香、味、形俱佳。

（4）奉茶顺序正确，按序收具。

茶艺师（五级）操作技能鉴定

试题评分表及答案

考生姓名：　　　　　　准考证号：

试题代码及名称		1.1.1　绿茶冲泡/西湖龙井茶冲泡			考核时间			12 min		
评价要素		配分	等级	评分细则	评定等级					得分
					A	B	C	D	E	
1	备具、布具：器具选用与茶品相配；茶器具摆布合理、科学	2	A	器具配套、齐全，布局合理、实用、美观						
			B	器具配套、齐全，布局较合理、实用、美观						
			C	器具基本配套、齐全，布局不够合理、实用						
			D	器具基本配套，布局不够合理、实用						
			E	差或未答题						
2	冲泡过程（包括润茶、冲泡、分茶等）：动作规范，水不溢漏，干茶不散落，冲泡手法能视茶而定	8	A	操作规范、连贯、美观，手法娴熟、正确						
			B	操作较规范、连贯、美观，手法正确						
			C	操作较规范、连贯、美观，手法不够正确						
			D	操作较生疏，手法不够正确						
			E	差或未答题						
3	冲泡效果：色、香、味、形俱佳	10	A	能充分体现茶品应有的品质特征						
			B	较能充分体现茶品应有的品质特征						
			C	基本能体现茶品的品质特征						
			D	不能体现茶品的品质特征						
			E	未答题						
4	奉茶、收具：依序奉茶，礼仪到位；按序收具，行礼退场	3	A	奉茶、收具按顺序进行，礼仪到位						
			B	奉茶、收具较符合顺序，礼仪较到位						
			C	奉茶、收具基本符合顺序，礼仪规范						
			D	奉茶、收具基本符合顺序，礼仪不够规范						
			E	差或未答题						

续表

试题代码及名称		1.1.1 绿茶冲泡/西湖龙井茶冲泡			考核时间		12 min			
评价要素		配分	等级	评分细则	评定等级					得分
					A	B	C	D	E	
5	姿态礼仪：整洁大方，素雅淡妆（女性）；坐、站、行姿符合规范要求；礼仪运用正确、熟练	2	A	整洁大方，坐、站、行姿规范，礼仪到位						
			B	较整洁大方，坐、站、行姿较规范，礼仪较到位						
			C	尚整洁大方，坐、站、行姿尚规范，礼仪及格						
			D	坐、站、行姿尚规范，礼仪不够规范						
			E	差或未答题						
合计配分		25	合计得分							

考评员（签名）：

等级	A（优）	B（良）	C（及格）	D（较差）	E（差或未答题）
比值	1.0	0.8	0.6	0.2	0

“评价要素”得分＝配分×等级比值。

茶艺师（五级）操作技能鉴定

试 题 单

试题代码：1.2.1。

试题名称：窨花茶冲泡/茉莉银毫茶冲泡。

考核时间：12 min。

1. 操作条件

(1) 茉莉银毫茶叶。

(2) 茶具一套。

(3) 茶艺操作台、凳一套。

(4) 茶艺操作所需的其他辅助器具。

(5) 水、电。

2. 操作内容

(1) 清饮茶冲泡。

(2) 奉茶。

3. 操作要求

(1) 器具摆布合理。

(2) 礼仪规范，投茶准确。

(3) 冲泡效果：色、香、味、形俱佳。

(4) 奉茶顺序正确，按序收具。

茶艺师（五级）操作技能鉴定

试题评分表及答案

考生姓名：　　　　　　　　准考证号：

试题代码及名称				1.2.1　窨花茶冲泡/茉莉银毫茶冲泡	考核时间		12 min			
评价要素		配分	等级	评分细则	评定等级					得分
					A	B	C	D	E	
1	备具、布具：器具选用与茶品相配；茶器具摆布合理、科学	2	A	器具配套、齐全，布局合理、实用、美观						
			B	器具配套、齐全，布局较合理、实用、美观						
			C	器具基本配套、齐全，布局不够合理、实用						
			D	器具基本配套，布局不够合理、实用						
			E	差或未答题						
2	冲泡过程（包括润茶、冲泡、分茶等）：动作规范，水不溢漏，干茶不散落，冲泡手法能视茶而定	8	A	操作规范、连贯、美观，手法娴熟、正确						
			B	操作较规范、连贯、美观，手法正确						
			C	操作较规范、连贯、美观，手法不够正确						
			D	操作较生疏，手法不够正确						
			E	差或未答题						
3	冲泡效果：色、香、味、形俱佳	10	A	能充分体现茶品应有的品质特征						
			B	较能充分体现茶品应有的品质特征						
			C	基本能体现茶品的品质特征						
			D	不能体现茶品的品质特征						
			E	未答题						
4	奉茶、收具：依序奉茶，礼仪到位；按序收具，行礼退场	3	A	奉茶、收具按顺序进行，礼仪到位						
			B	奉茶、收具较符合顺序，礼仪较到位						
			C	奉茶、收具基本符合顺序，礼仪规范						
			D	奉茶、收具基本符合顺序，礼仪不够规范						
			E	差或未答题						

续表

试题代码及名称		1.2.1 窨花茶冲泡/茉莉银毫茶冲泡			考核时间		12 min			
评价要素		配分	等级	评分细则	评定等级					得分
					A	B	C	D	E	
5	姿态礼仪：整洁大方，素雅淡妆（女性）；坐、站、行姿符合规范要求；礼仪运用正确、熟练	2	A	整洁大方，坐、站、行姿规范，礼仪到位						
			B	较整洁大方，坐、站、行姿较规范，礼仪较到位						
			C	尚整洁大方，坐、站、行姿尚规范，礼仪及格						
			D	坐、站、行姿尚规范，礼仪不够规范						
			E	差或未答题						
合计配分		25	合计得分							

考评员（签名）：

等级	A（优）	B（良）	C（及格）	D（较差）	E（差或未答题）
比值	1.0	0.8	0.6	0.2	0

“评价要素”得分＝配分×等级比值。

茶艺师（五级）操作技能鉴定

试　题　单

试题代码：1.3.1。

试题名称：乌龙茶冲泡/安溪铁观音茶冲泡。

考核时间：12 min。

1. 操作条件

（1）安溪铁观音茶叶。

（2）紫砂小壶带杯茶具一套。

（3）茶艺操作台、凳一套。

（4）茶艺操作所需的其他辅助器具。

（5）水、电。

2. 操作内容

（1）清饮茶冲泡。

（2）奉茶。

3. 操作要求

（1）器具摆布合理。

（2）礼仪规范，投茶准确。

（3）冲泡效果：色、香、味、形俱佳。

（4）奉茶顺序正确，按序收具。

茶艺师（五级）操作技能鉴定

试题评分表及答案

考生姓名：　　　　　　准考证号：

试题代码及名称				1.3.1　乌龙茶冲泡/安溪铁观音茶冲泡	考核时间					12 min
评价要素		配分	等级	评分细则	评定等级					得分
					A	B	C	D	E	
1	备具、布具：器具选用与茶品相配；茶器具摆布合理、科学	2	A	器具配套、齐全，布局合理、实用、美观						
			B	器具配套、齐全，布局较合理、实用、美观						
			C	器具基本配套、齐全，布局不够合理、实用						
			D	器具基本配套，布局不够合理、实用						
			E	差或未答题						
2	冲泡过程（包括润茶、冲泡、分茶等）：动作规范，水不溢漏，干茶不散落，冲泡手法能视茶而定	8	A	操作规范、连贯、美观，手法娴熟、正确						
			B	操作较规范、连贯、美观，手法正确						
			C	操作较规范、连贯、美观，手法不够正确						
			D	操作较生疏，手法不够正确						
			E	差或未答题						
3	冲泡效果：色、香、味、形俱佳	10	A	能充分体现茶品应有的品质特征						
			B	较能充分体现茶品应有的品质特征						
			C	基本能体现茶品的品质特征						
			D	不能体现茶品的品质特征						
			E	未答题						
4	奉茶、收具：依序奉茶，礼仪到位；按序收具，行礼退场	3	A	奉茶、收具按顺序进行，礼仪到位						
			B	奉茶、收具较符合顺序，礼仪较到位						
			C	奉茶、收具基本符合顺序，礼仪规范						
			D	奉茶、收具基本符合顺序，礼仪不够规范						
			E	差或未答题						

续表

<table>
<tr><td colspan="2">试题代码及名称</td><td colspan="3">1.3.1　乌龙茶冲泡/安溪铁观音茶冲泡</td><td colspan="2">考核时间</td><td colspan="4">12 min</td></tr>
<tr><td colspan="2" rowspan="2">评价要素</td><td rowspan="2">配分</td><td rowspan="2">等级</td><td rowspan="2">评分细则</td><td colspan="5">评定等级</td><td rowspan="2">得分</td></tr>
<tr><td>A</td><td>B</td><td>C</td><td>D</td><td>E</td></tr>
<tr><td rowspan="5">5</td><td rowspan="5">姿态礼仪：整洁大方，素雅淡妆（女性）；坐、站、行姿符合规范要求；礼仪运用正确、熟练</td><td rowspan="5">2</td><td>A</td><td>整洁大方，坐、站、行姿规范，礼仪到位</td><td rowspan="5"></td><td rowspan="5"></td><td rowspan="5"></td><td rowspan="5"></td><td rowspan="5"></td><td rowspan="5"></td></tr>
<tr><td>B</td><td>较整洁大方，坐、站、行姿较规范，礼仪较到位</td></tr>
<tr><td>C</td><td>尚整洁大方，坐、站、行姿尚规范，礼仪及格</td></tr>
<tr><td>D</td><td>坐、站、行姿尚规范，礼仪不够规范</td></tr>
<tr><td>E</td><td>差或未答题</td></tr>
<tr><td colspan="2">合计配分</td><td>25</td><td colspan="7">合计得分</td><td></td></tr>
</table>

考评员（签名）：

等级	A（优）	B（良）	C（及格）	D（较差）	E（差或未答题）
比值	1.0	0.8	0.6	0.2	0

“评价要素”得分＝配分×等级比值。

茶艺师（五级）操作技能鉴定

试　题　单

试题代码：2.2.1。

试题名称：调饮茶冲泡/祁红柠檬茶冲泡。

考核时间：14 min。

1. 操作条件

（1）祁红功夫红茶及配料。

（2）茶具一套。

（3）茶艺操作台、凳一套。

（4）茶艺操作所需的其他辅助器具。

（5）水、电。

2. 操作内容

（1）调饮茶冲泡。

（2）奉茶。

3. 操作要求

（1）器具摆布合理。

（2）礼仪规范，投茶准确。

（3）冲泡效果：色、香、味、形俱佳。

（4）奉茶顺序正确，按序收具。

茶艺师（五级）操作技能鉴定

试题评分表及答案

考生姓名：　　　　　　　　准考证号：

试题代码及名称		2.2.1 调饮茶冲泡/祁红柠檬茶冲泡			考核时间		14 min			
评价要素		配分	等级	评分细则	评定等级					得分
					A	B	C	D	E	
1	备具、布具：器具选用与茶品相配；茶器具摆布合理、科学	2	A	器具配套、齐全，布局合理、实用、美观						
			B	器具配套、齐全，布局较合理、实用、美观						
			C	器具基本配套、齐全，布局不够合理、实用						
			D	器具基本配套，布局不够合理、实用						
			E	差或未答题						
2	冲泡过程（包括润茶、冲泡、分茶等）：动作规范，水不溢漏，干茶不散落，冲泡手法能视茶而定	8	A	操作规范、连贯、美观，手法娴熟、正确						
			B	操作较规范、连贯、美观，手法正确						
			C	操作较规范、连贯、美观，手法不够正确						
			D	操作较生疏，手法不够正确						
			E	差或未答题						
3	冲泡效果：色、香、味、形俱佳	10	A	能充分体现茶品应有的品质特征						
			B	较能充分体现茶品应有的品质特征						
			C	基本能体现茶品的品质特征						
			D	不能体现茶品的品质特征						
			E	未答题						
4	奉茶、收具：依序奉茶，礼仪到位；按序收具，行礼退场	3	A	奉茶、收具按顺序进行，礼仪到位						
			B	奉茶、收具较符合顺序，礼仪较到位						
			C	奉茶、收具基本符合顺序，礼仪规范						
			D	奉茶、收具基本符合顺序，礼仪不够规范						
			E	差或未答题						

续表

<table>
<tr><td colspan="2">试题代码及名称</td><td colspan="3">2.2.1　调饮茶冲泡/祁红柠檬茶冲泡</td><td colspan="3">考核时间</td><td colspan="3">14 min</td></tr>
<tr><td colspan="2" rowspan="2">评价要素</td><td rowspan="2">配分</td><td rowspan="2">等级</td><td rowspan="2">评分细则</td><td colspan="5">评定等级</td><td rowspan="2">得分</td></tr>
<tr><td>A</td><td>B</td><td>C</td><td>D</td><td>E</td></tr>
<tr><td rowspan="5">5</td><td rowspan="5">姿态礼仪：整洁大方，素雅淡妆（女性）；坐、站、行姿符合规范要求；礼仪运用正确、熟练</td><td rowspan="5">2</td><td>A</td><td>整洁大方，坐、站、行姿规范，礼仪到位</td><td rowspan="5"></td><td rowspan="5"></td><td rowspan="5"></td><td rowspan="5"></td><td rowspan="5"></td><td rowspan="5"></td></tr>
<tr><td>B</td><td>较整洁大方，坐、站、行姿较规范，礼仪较到位</td></tr>
<tr><td>C</td><td>尚整洁大方，坐、站、行姿尚规范，礼仪及格</td></tr>
<tr><td>D</td><td>坐、站、行姿尚规范，礼仪不够规范</td></tr>
<tr><td>E</td><td>差或未答题</td></tr>
<tr><td colspan="2">合计配分</td><td>25</td><td colspan="7">合计得分</td><td></td></tr>
</table>

考评员（签名）：

等级	A（优）	B（良）	C（及格）	D（较差）	E（差或未答题）
比值	1.0	0.8	0.6	0.2	0

“评价要素”得分＝配分×等级比值。